essentials

essentials liefern aktuelles Wissen in konzentrierter Form. Die Essenz dessen, worauf es als „State-of-the-Art" in der gegenwärtigen Fachdiskussion oder in der Praxis ankommt. *essentials* informieren schnell, unkompliziert und verständlich

- als Einführung in ein aktuelles Thema aus Ihrem Fachgebiet
- als Einstieg in ein für Sie noch unbekanntes Themenfeld
- als Einblick, um zum Thema mitreden zu können

Die Bücher in elektronischer und gedruckter Form bringen das Expertenwissen von Springer-Fachautoren kompakt zur Darstellung. Sie sind besonders für die Nutzung als eBook auf Tablet-PCs, eBook-Readern und Smartphones geeignet. *essentials:* Wissensbausteine aus den Wirtschafts-, Sozial- und Geisteswissenschaften, aus Technik und Naturwissenschaften sowie aus Medizin, Psychologie und Gesundheitsberufen. Von renommierten Autoren aller Springer-Verlagsmarken.

Weitere Bände in der Reihe http://www.springer.com/series/13088

Robert Theis

Hans Jonas

Etappen seines Denkwegs

 Springer VS

Robert Theis
Maison des Sciences Humaines
Université du Luxembourg
Esch-sur-Alzette, Luxemburg

ISSN 2197-6708   ISSN 2197-6716   (electronic)
essentials
ISBN 978-3-658-22924-5   ISBN 978-3-658-22925-2   (eBook)
https://doi.org/10.1007/978-3-658-22925-2

Die Deutsche Nationalbibliothek verzeichnet diese Publikation in der Deutschen Nationalbibliografie; detaillierte bibliografische Daten sind im Internet über http://dnb.d-nb.de abrufbar.

Springer VS
© Springer Fachmedien Wiesbaden GmbH, ein Teil von Springer Nature 2019

Springer VS ist ein Imprint der eingetragenen Gesellschaft Springer Fachmedien Wiesbaden GmbH und ist ein Teil von Springer Nature
Die Anschrift der Gesellschaft ist: Abraham-Lincoln-Str. 46, 65189 Wiesbaden, Germany

Was Sie in diesem *essential* finden können

- Einen zusammenhängenden Überblick über das Werk von Hans Jonas;
- Seine Deutung der Gnosis;
- Seinen Entwurf einer philosophischen Biologie und die Deutung des Menschen als symbolisches Wesen;
- Die Entfaltung der Verantwortungsethik als Ethik für zukünftige Generationen;
- Die neue Fassung der Rechtfertigung Gottes angesichts des Bösen

Inhaltsverzeichnis

1   **Biografische Kurzinformation**   1

2   **Einleitung**   3

3   **Philosophische Auseinandersetzung mit der Gnosis**   5
    3.1   Der ‚Geist' der Gnosis   5
        3.1.1   Der Dualismus   8
        3.1.2   Anthropologie, Soteriologie und Eschatologie   9
        3.1.3   Gnostische Ethik   10
    3.2   Neuzeitlicher Nihilismus und Gnosis   12

4   **Die Philosophie des Lebens**   17
    4.1   Grundzüge der Philosophie des Lebens   17
    4.2   Auf dem Weg zur Philosophie des Menschen   21
    4.3   Der Mensch: ein symbolisches Wesen   23

5   **Ethik der Verantwortung**   29
    5.1   Die Ausgangsfragestellung und ihr Kontext   31
    5.2   Die Problematik der Verantwortung   35
        5.2.1   Die Begründung des Zukunftsimperativs   35
        5.2.2   Zur Phänomenologie der Verantwortung   41
        5.2.3   Anthropozentrische und physiozentrische Aspekte
              der Verantwortung   43
        5.2.4   Verantwortungsethik als „konservative" Ethik   44
        5.2.5   Politische Aspekte der Verantwortungsethik   45
    5.3   Einige kritische Fragen   47

6   Gott in Welt 51
   6.1   Wie lassen sich ‚Auschwitz' und ‚Gott' zusammendenken? 52
   6.2   Jonas' Mythos vom werdenden Gott 53
   6.3   Versuch einer „rationalen" Übersetzung des Mythos 54

7   Schluss 57

Literatur... 61

Über den Autor

Prof. em. Dr. Robert Theis, Université du Luxembourg, Maison des Sciences Humaines, 11, porte des Sciences, L-4366 Esch-sur-Alzette, robert.theis@education.lu

Forschungsschwerpunkte: Kants philosophische Theologie und Religionsphilosophie; Christian Wolff; Hans Jonas. Zuletzt erschienen: *La raison et son Dieu. Étude sur la théologie kantienne* (Paris, Vrin 2012); (als Hg. zusammen mit A. Aichele): Handbuch Christian Wolff (Wiesbaden, Springer 2018).

Biografische Kurzinformation 1

Hans Jonas wurde am 10. Mai 1903 in Mönchengladbach geboren. „Hans wird studieren" meinte sein Vater, der eine Textilfabrik besaß. Bereits in den letzten Jahren vor dem Abitur wurde dem jungen Jonas klar, dass er Philosophie, Kunstgeschichte und Religion studieren wollte. So ging er zunächst nach Freiburg, weil dort Edmund Husserl lehrte; dort entdeckte er aber auch den jungen Privatdozenten Martin Heidegger, „gleichsam eine Schicksalsbegegnung" (Erinnerungen 82). Zum Wintersemester 1921/1922 zog es Jonas nach Berlin, wo er bis zum Frühjahr 1923 neben Philosophie, evangelischer Theologie auch Judaistik an der berühmten Hochschule für die Wissenschaft des Judentums hören konnte. In dieser Zeit kam er auch mit der zionistischen Bewegung in Kontakt. Prägende Einflüsse in dieser Zeit waren Martin Buber und Franz Rosenzweig. Zum Wintersemester 1923/1924 zog es Jonas noch einmal für ein Jahr nach Freiburg. Für das Wintersemester 1924/1925 siedelte Jonas nach Marburg über, wohin Heidegger berufen worden war. Dort besuchte er, neben philosophischen Lehrveranstaltungen des Meisters – das neutestamentliche Seminar von Rudolf Bultmann – übrigens zusammen mit Hannah Arendt – und promovierte 1928 mit einem von Bultmann angeregten Dissertationsthema über den Begriff der Gnosis bei Martin Heidegger. Es folgten mehrere Jahre als Privatgelehrter – „Das konnte sich ein Sohn von Gustav Jonas leisten" (Erinnerungen 125) – in Heidelberg, Paris, Frankfurt und Köln.

1933 emigrierte er nach England und siedelte 1934 nach Palästina über. Hier lernte er auch seine spätere Frau Lore kennen. Von 1940–1945 diente er in der britischen Armee, in der es eine spezielle Brigade für deutsche Juden gab. In diesem Rahmen wurde er nach Italien entsandt; 1945 kam er nach Deutschland. Nachdem er dort von der Ermordung seiner Mutter in Auschwitz im Jahre 1942 erfahren hatte – eine Erschütterung, die ihn bis ins hohe Alter mit Trauer erfüllte –, beschloss er, nicht mehr in Deutschland zu leben. So kehrte er nach

© Springer Fachmedien Wiesbaden GmbH, ein Teil von Springer Nature 2019
R. Theis, *Hans Jonas*, essentials,
https://doi.org/10.1007/978-3-658-22925-2_1

Palästina zurück, wo er an den Unabhängigkeitskämpfen teilnahm. Im Winter 1949/1950 siedelte er mit seiner Familie nach Montreal. Von 1949 bis 1954 lehrte Jonas zunächst an der McGill Universität in Montreal, sodann an der Carleton University in Ottawa. 1955 erhielt er einen Ruf als Professor auf einen durch Karl Löwiths Weggang freigewordenen Lehrstuhl an der New School for Social Research in New York. Als Gastprofessor war er auch an der Princeton University, der Columbia University sowie an der Harvard University. Vortragsreisen führten ihn immer wieder nach Europa. 1987 erhielt er den Friedenspreis des Deutschen Buchhandels; 1992 die Ehrenpromotion durch die Freie Universität Berlin. Am 5. Februar 1993 stirbt Hans Jonas in New Rochelle bei New York.

Hans Jonas hat seinen theoretischen Lebensweg in drei Etappen gegliedert. In einem Vortrag aus dem Jahre 1986 lesen wir:

> Da war die Bemühung um die spätantike Gnosis im Zeichen der Existenzanalyse; dann die Begegnung mit den Naturwissenschaften auf dem Wege zu einer Philosophie des Organismus; zuletzt die Wende von der theoretischen zur praktischen Philosophie – d.h. zur Ethik – in Erwiderung auf die immer unüberhörbarer gewordene Herausforderung der Technik (WPE 11).

Diesen drei Stadien lässt sich noch ein weiteres hinzufügen, das man zurecht als „metaphysisch" bezeichnen kann. In seinen *Erinnerungen heißt* es bezüglich der dort behandelten „letzten" Fragen, man könne sich nur andeutend, ohne Wahrheitsanspruch über sie äußern (E 347).

Damit ist der Weg der folgenden Überlegungen vorgezeichnet.

In seinen frühen Studien zur Gnosis arbeitet Jonas den fundamentalen antikosmischen Dualismus mit der damit einhergehenden Tendenz zur „Entweltlichung" des Menschen heraus, die das gnostische Denken, den „Geist der Gnosis", kennzeichnet.

Seine philosophische Biologie, deren Kernthese im Aufweis der tiefsten Verankerung des Geistes und der Freiheit im Gewebe der Natur selber, die in sich die Tendenz zum Leben und zum Bewusstsein trägt, versteht Jonas als eine „Revolte gegen den Dualismus" (EV 445). Es ist auch diese Philosophie des Lebens, die Jonas seit den 1950er Jahren auf eine Auseinandersetzung mit der Technik hinleitet, dies im Rahmen von bestimmten *medizinischen* Fragestellungen (Gentechnologie, Klonieren…). So drängen sich für ihn verstärkt Fragen der praktischen Philosophie in den Vordergrund, die in eine neue „Ethik für das technologische Zeitalter" münden.

© Springer Fachmedien Wiesbaden GmbH, ein Teil von Springer Nature 2019
R. Theis, *Hans Jonas*, essentials,
https://doi.org/10.1007/978-3-658-22925-2_2

Das 1979 erschienene Werk *Das Prinzip Verantwortung* ist die systematische Grundlegungstheorie dieser neuen Ethik. Deren Ausgangsfeststellung lautet, „daß mit gewissen Entwicklungen unserer Macht sich das Wesen des menschlichen Handelns geändert" hat (PV 15) und sich demzufolge eine völlig neuartige Herausforderung für die Ethik stellt. In deren Fokus steht die Begründung der Notwendigkeit von Verantwortung für kommende, noch nicht existierende Generationen – getragen von dem Imperativ, dass es in aller Zukunft eine für menschliche Bewohnung geeignete Welt geben soll (PV 33).

Späte Schriften aus den 1980er Jahren wenden sich solchen Fragestellungen zu, die sich einerseits aus Überlegungen zur Problematik des Lebens, andererseits aber auch aus der frühen kritischen Auseinandersetzung mit der Gnosis her ergeben und auf „metaphysische" Vermutungen führen, die letztlich Jonas' Denken eine überraschende Einheit verleihen.

Philosophische Auseinandersetzung mit der Gnosis 3

Während seiner Studienjahre an der Universität Marburg kam Hans Jonas mit der Gnosis oder dem Gnostizismus in Berührung, und zwar im Rahmen seiner Teilnahme an einem neutestamentlichen Seminar des evangelischen Exegeten Rudolf Bultmann. Hier referierte er am 25. Juli 1925 über *Die Gnosis im Johannesevangelium*. Diese erste Beschäftigung mit gnostischem Gedankengut führte 1928 zu einer bei Martin Heidegger eingereichten Dissertation, die 1930 unter dem Titel *Über den Begriff der Gnosis* erschien. Das Thema sollte für seinen Verfasser ein „nicht enden wollendes Forschungsprojekt für manches kommende Jahrzehnt" (WPE 49) werden. 1934 erschien der erste Band von *Gnosis und spätantiker Geist. Die mythologische Gnosis* (versehen mit einem Vorwort von Rudolf Bultmann); 1954 die erste Hälfte des zweiten Teils (bereits 1934 abgeschlossen). 1958 erschien *The Gnostic Religion. The Message of the Alien God and the Beginnings of Christianity* (deutsch: *Gnosis. Die Botschaft des fremden Gottes*).

3.1 Der ‚Geist' der Gnosis

Was ist unter den Begriffen „Gnosis" bzw. „Gnostizismus" zu verstehen? Historisch gesehen bezeichnet der Name ganz allgemein eine „Vielfalt von sektiererischen Lehren […], die in den ersten kritischen Jahrhunderten innerhalb des Christentums und in seinem Umkreis erschienen" (G 56).

Seiner wörtlichen Bedeutung nach bedeutet „Gnosis" eine Erkenntnis oder ein Wissen, spezieller ein „geheimes, offenbartes und erlösungsbringendes

© Springer Fachmedien Wiesbaden GmbH, ein Teil von Springer Nature 2019
R. Theis, *Hans Jonas*, essentials,
https://doi.org/10.1007/978-3-658-22925-2_3

Wissen"[1]. Die berühmte von Clemens von Alexandrien geprägte Programm-
formel der Gnosis lautet: Gnosis ist „die Erkenntnis, wer wir waren, was wir
wurden; wo wir waren und wohinein wir geworfen wurden; wohin wir eilen,
woraus wir erlöst werden; was Geburt; was Wiedergeburt"[2]. Jonas unterscheidet zwischen einer theoretischen, praktischen und technischen Bedeutung
des Begriffs. In ersterer Hinsicht ist Gnosis die „Erkenntnis der Geheimnisse
der Existenz"; in der zweiten „die Erkenntnis des ‚Weges' des zukünftigen
Aufstiegs der Seele und des richtigen Lebens, das auf dieses Ereignis vor-
bereitet"; in der dritten die „Kenntnis der Sakramente, der wirksamen Formeln
und anderer Hilfsmittel, durch die der Übergang und die Befreiung gewähr-
leistet werden können" (G 338 f.). Diesen drei wäre noch eine weitere hinzu-
zufügen, nämlich die „mystische gnosis theoû – die unmittelbare Schau der
göttlichen Wirklichkeit" (G 339).

Es sind nicht philologische Fragen im Zusammenhang mit historischen
Erscheinungsformen der Gnosis, die im Vordergrund von Jonas' Interesse stehen,
sondern das diesen zugrunde liegende allgemeine Prinzip, das „gemeinsame[]
verstehbare[] *Grunderlebnis*" (WPE 17), das sich in den verschiedenen gnostischen Strömungen objektiviert. Jonas schreibt: „Mein Ziel […] war ein philosophisches: den Geist zu begreifen, der aus diesen Stimmen sprach, und in
seinem Licht der verblüffenden Vielfalt wieder eine verständliche Einheit
zurückzugeben" (G 16).

Über die philosophische Grundlegung erhalten wir in der Einleitung zu *Gnosis
und spätantiker Geist* Auskunft (GSG I 12 ff.). Die Befragungsrichtung der gnostischen Schriften, so wie sie etwa in den sog. *Hermetica,* den antignostischen
Schriften der Kirchenväter, oder den mandäischen und manichäischen Schriften
vorliegen, ist geleitet von einem apriorischen Welt- und Selbstverständnis, das
als „transzendental konstitutive[s]" (GSG I 13) definiert wird, den empirischen
Subjekten „vorausliegt" und einen einheitlichen „verbindliche[n] Horizont […]
für die betreffende Epoche und die empirischen Subjekte in ihr" (ebd.) bildet.
Jonas bezeichnet dieses Apriorische als „existenziale Wurzel" (ebd.), womit er
auch dessen genauere philosophische Herkunft andeutet. In der Tat, ohne ihn ausdrücklich an dieser Stelle zu erwähnen, steht hier Martin Heideggers in *Sein und
Zeit* (1927) dargelegte Analytik des Daseins und das damit verbundene Programm
einer neuen Ontologie zur Verfügung. Später heißt es diesbezüglich, dass das

---

[1]*Typologische und historische Abgrenzung der Gnosis,* in: Gnosis und Gnostizismus, hg.
von K. Rudolph, Darmstadt 1975, S. 627.

[2]Clemens von Alexandrien, *Excerpta ex Theodoto,* zitiert nach GSG I 108.

gesamte Unternehmen „auf eine schon ausgearbeitete Ontologie des Daseins zur
Gewinnung ihrer Fragehinsichten" (GSG I 90) zurückgreift und dass „diese Rolle
die Existenzanalyse Martin Heideggers übernehmen soll" (ebd.).

Diese Herangehensweise macht einerseits die Originalität von Jonas'
Beschäftigung mit der Gnosis aus, beinhaltet jedoch andererseits auch, vom
Standpunkt der Religionsgeschichte und der Quellenforschung aus gesehen,
deren Schwachstelle, insofern die spekulative Deutung der Gnosis, wie Micha
Brumlik richtig bemerkt, „durch die Quellen nur ungenügend abgedeckt ist"[3].

Das Prinzip, das Jonas' Auslegung zugrunde liegt, ist kein einzelner Grund-
begriff, sondern eine gegliederte Strukturganzheit, die sich an dem Grundbinom
Welt – Selbst orientiert[4]. Damit gegeben sind sog. *Urphänomene*, die in jedem
Dasein auftauchen: „Weltabhängigkeit und Freiheit, Leben und Tod, Sorge,
Angst, Sicherung, Verdeckung" (GSG 15). Damit diese existenziellen Invarianten
indes nicht in irgendeinem durchschnittlichen Sinn verstanden werden, sind sie
auf ein ontologisches Fundament zurückzuführen, auf Fundamentalstrukturen des
Daseins.

Der Verfasser bleibt indes im philosophischen Grundlegungsabschnitt seines
Werkes erstaunlich unpräzise. Wohl ist die Rede von „Seinsstrukturen aus der rei-
nen Daseinsanalyse" (GSG I 14), vom „ontologischen Wesen von Dasein" (GSG
I 14), von „Ontologie des Daseins" (GSG I 16), als möglichen Hinsichten der
Befragung. Wie jedoch diese Grundkonstitution inhaltlich genauer zu verstehen
ist, bleibt weitgehend unklar[5].

Die Grundrichtung der Gnosis besteht, laut Jonas, in ihrer *Entweltlichungs-
tendenz*. In dieser spiegelt sich sowohl eine Welt- als auch eine Selbstaus-
legung wider, die sich in der Formel eines *eschatologischen Dualismus a- bzw.
antikosmischer Natur* zusammenfassen lässt (GSG I 29).

---

[3]Micha Brumlik, *Ressentiment – Über einige Motive in Hans Jonas' frühem Gnosisbuch*,
in: Ch. Wiese/E. Jacobson (Hg.), *Weiterwohnlichkeit der Welt. Zur Aktualität von Hans
Jonas*, Berlin/Wien 2003, S. 143.

[4]Siehe dazu Martin Heidegger (*Sein und Zeit*, Tübingen [11]1967, S. 52), der vom In-der-
Welt-sein überhaupt als der Grundverfassung des Daseins spricht.

[5]Bereits ein früher Rezensent hatte diesbezüglich kritisch vermerkt, Jonas irre „in einem
terminologischen Nebel umher" und er wisse, dass es nicht nur ihm so ergeht (siehe Arthur
Darby Nock, *Rezension über: Hans Jonas, Gnosis und spätantiker Geist* I [zuerst in *Gnomon*
3, 1936, S. 605–612], in: *Gnosis und Gnostizismus*, a. a. O., S. 375).

3.1.1 Der Dualismus

Jonas schreibt, der „entscheidende Grundzug des gnostischen Denkens besteh[e] in dem radikalen Dualismus, der das Verhältnis von Gott und Welt und entsprechend auch jenes von Mensch und Welt beherrscht" (G 69). Im gnostischen Mythos wird Gott als der hohe Lichtkönig und als absolut jenseitig verstanden. Als solcher ist er der ganz Andere, das „fremde Leben", der als solcher unbekannt bzw. unerkennbar ist. Dennoch gelten im Mythos einige positive Attribute und Metaphern für ihn: Licht, Leben, Geist, Vater, der Gute (THAG 632). Jonas gibt zu bedenken, dass im Laufe der Entwicklung von der mythologischen Gnosis hin zur philosophischen, die Konzeption des gnostischen Gottes einem „kontinuierliche[n] Prozeß der Überbietung, Begriffsreinigung und Abstraktion" (GSG I 245) unterlegen ist. Der Grundtendenz nach gilt jedoch, dass dieser Gott unweltlich (Basilides etwa spricht vom nichtseienden Gott – GSG I 250; G 343), ja gegenweltlich ist. In diesem Sinn grenzt er sich radikal vom Schöpfergott des Alten Testamentes ab, der aus seinen Werken erkennbar ist (GSG I 248 f.). Ihn umgeben Lichtwesen – Engel des Glanzes –, die als seine Emanationen gelten.

Dieser Lichtwelt steht die Finsterwelt gegenüber. Sie ist das Werk niederer Mächte und weicht die in jeder Hinsicht von der Lichtwelt ab (G 69).

Diese Grundkonstellation hat ein *kosmologisches* Pendant. Im Gegensatz zum griechischen Denken, für das der Kosmos und die damit einhergehende Ordnung, Gesetzmäßigkeit und Harmonie in seiner ganzen Positivität gewertet wurde, wird sich deren Sinn in der Gnosis in sein Gegenteil verkehren: „Ordnung und Gesetz ist auch hier der Kosmos, aber starre, sinnfremde, feindselige Ordnung, tyrannisches, böses Gesetz" (GSG I 148). Die kosmische Ordnung, die Planetensphären werden von den Archonten und Mächten der Finsternis tyrannisch beherrscht – das Gesetz des Kosmos wird als *Heimarmènè* (Schicksal) verstanden –, sodass man sagen kann, der Kosmos sei Finsternis, Ort des Todes[6]. Diesbezüglich spricht Jonas von „gnostische[m] Nihilismus" (GSG I 149 f.). Es gilt allerdings zu beachten, dass dem so entheiligten Kosmos ein spezifischer Gehalt innewohnt: Er bezeichnet nicht nur das Gott-Fremde, sondern zugleich das Gott-Entfremdende, das Gegen-Göttliche (GSG I 150).

---

[6]Jonas weist indes darauf hin (siehe *GSG* I 154), dass in der mittleren Stoa (Poseidonios, +51 v. Christus) deutlicher zwischen supra- und sublunarer Welt unterschieden wurde, wobei letztere, also die Erde, als Sitz des Übels angesehen wurde. Ähnliches findet sich übrigens, wenngleich mit Rekurs auf andere Begründungen, wie etwa die alttestamentliche Schöpfungslehre, bei frühen Kirchenvätern.

Wir fragen nun, in einem zweiten Schritt, nach dem anthropologischen Pendant des eben beschriebenen Dualismus von transzendentem Gott und Welt (und deren herrschenden Mächten).

3.1.2 Anthropologie, Soteriologie und Eschatologie

Es sind bezüglich des Menschenbildes typologisch *vier* Aspekte zu betrachten: die ontologische Konstitution des Menschen; sein jenseitiger Ursprung; sein innerweltlicher Zustand; seine Erlösung bzw. Bestimmung (THAG 628).

Der Mensch besteht nach gnostischer Lehre aus Leib, Seele *(psychè)* und Geist *(pneûma)*. Während Leib und Seele „das Werk der kosmischen Mächte" (G 71) sind und der Mensch insofern dem Gesetz der Welt *(Heimarmènè)* unterworfen ist, ist das ihn ontologisch ebenso konstituierende Pneûma (oder auch Funke) der Welt *entgegengesetzt*. Das Pneûma ist Teil des göttlichen Lichts. Im Vortrag von Messina spricht Jonas von der „Identität des innersten Wesens des Menschen mit dem höchsten transmundanen Gott bzw. [der] Teilhabe an seiner Substanz" (THAG 636). Aufgrund eines innergöttlichen Dramas ist das Pneûma in die Welt gefallen[7]. Die innerweltlichen Mächte haben den Menschen zu dem Zweck erschaffen, den göttlichen Lichtfunken gefangen zu halten (G 71).

Der Mensch ist somit zutiefst gekennzeichnet durch einen ihn beherrschenden Dualismus: Er ist letztlich in der Welt als *Fremder,* als in die Welt Geworfener, dem Schicksal der Welt ausgeliefert. In ihr ist er, sich ängstigend und sich nach der jenseitigen Heimat sehnend: „Angst als Antwort der Seele auf ihr In-der-Welt-Sein ist ein stehendes Thema der gnostischen Literatur" (ZNE 13). Andererseits aber verfällt der Mensch auch der Welt und zwar in dem Maße, wie er sich in ihr auszukennen wähnt und in ihr heimisch wird. Dieses Verfallen muss im Zusammenhang der Macht der Heimarmènè gesehen werden: Sie ist „die Herrschaft, welche die kosmischen Mächte durch uns selbst über uns ausüben" (G 336) Die „Hauptwaffe der Welt" (GSG I 118) ist die Liebe verstanden als Konkupiszenz. Diese existenzielle Situation des Menschen ist aber nicht endgültig. Der gnostische Mythos versteht sich als *Erlösungsnarrativ:* er beinhaltet eine soteriologische und, damit einhergehend, eine eschatologische Dimension.

---

[7]Die gnostischen Mythen interpretieren diesen Fall unterschiedlich, z. B. als Schuld.

In dieses „Weltgefängnis ragt indes das Außerweltliche hinein" (GSG I 120), und zwar in der Form des *Rufs*[8]. In der Tat, geht es doch der Gnosis in der Hauptsache darum, durch Erkenntnis das gefangene Pneûma zu *erlösen* und demzufolge auch die verletzte Gottheit wieder in ihrer ursprünglichen Ganzheit (aus der ja das Pneûma herausgefallen ist) wiederherzustellen. Der Ruf ist das „innerweltliche Wirklichwerden des Außerweltlichen" (GSG I 121). Er ergeht von einem fremden Mann, einem „Erlöser", der sich in die Welt begibt (nicht in sie fällt) (GSG I 123). Er soll das gefangene Pneûma erwecken und aus dem Weltgefängnis herausführen[9]. Der Ruf des fremden Mannes ist zunächst ein *Weckruf:* „Wachet auf aus dem Schlafe" (GSG I 127). In ihm enthalten ist die Erinnerung an das gewesene Leben der Seele, deren innergöttliche Vorgeschichte sowie die Verheißung der *Erlösung,* schließlich die Anweisung betreffend das jetzige praktische Weltverhalten: „[d]ie Ursprungserinnerung, die Erlösungsverheißung, die moralische Belehrung" (GSG I 128).

Zentral ist das mit dem Ruf einhergehende Wissen des *Weges der Seele,* mit durchaus praktischen Informationen, die auch in einem topografischen Sinn zu verstehen sind, hin zur Gottheit, die auf solche Weise wieder in ihrer Ganzheit hergestellt wird. Die Sendung des fremden Mannes oder Erlösers hat somit einerseits eine soteriologische Funktion hinsichtlich der Einzelseele – es gibt Erlösung aus dem Kosmosgefängnis (pneumatische Wiedergeburt, GSG I 149), andererseits eine eschatologische hinsichtlich der Menschheitsgeschichte in ihrer Finalität, nämlich der Wiederherstellung der Gottheit durch die Rückkehr der Seelen. Die Vollendung dieses Prozesses bedeutet das Ende des anti-göttlichen Kosmos.

3.1.3 Gnostische Ethik

Der den Menschen in seiner ontologischen Konstitution kennzeichnende Dualismus von Leib/Psychè einerseits, Pneûma andererseits, also sein geschöpfliches und sein transzendentes Sein, hat *ethische Implikationen.* Aufgrund seines pneumatischen Andersseins und der damit einhergehenden Freiheit von der tyrannischen Macht

---

[8]Jonas weist darauf hin, dass das Symbol des Rufs typisch für die östliche Gnosis ist (Mandäer und Manichäer), derart, dass man hier regelrecht von „Religionen des Rufes" (GSG I 120) reden kann.

[9]Dieses Gefängnis ist auch in einem räumlichen Sinn zu verstehen, d.h. gemäß dem Sphärenmodell der antiken Kosmologie. Durch die Sphären hindurch wird eine Bresche geschlagen, die zur Jenseitswelt führt.

des Schicksals steht der Gnostiker der Welt *verachtend* gegenüber (antikosmische Haltung) und ist demnach auch, in seiner ethischen Verhaltensweise indifferent, d. h. vom innerweltlichen von Demiurgen herstammenden Ethos nicht betroffen (GSG I 234). Man könnte insofern von einer *Suspension des Ethischen* sprechen.

Auf der Grundlage dieses „sittlichen Nihilismus" (G 321) bzw. dieser Revolte gegen die Schöpfung, ergeben sich, so Jonas mit Hinweis auf Plotins (204–270) Kritik an den Gnostikern, zwei ethische Grundtendenzen, eine libertinistische und eine asketische. Erstere ist durch das Übertreten und Bestreiten bestehender Normen, gar durch revolutionäres Heraufführen anarchischer Zustände und ebenso vieler Schritte hin zur Erlösung gekennzeichnet. Die asketische Haltung, so wie sie sich etwa bei Markion (ca 85–160), Mani (216–176) und bei den Mandäern vorfindet, „erkennt die verderbende Macht der Welt an; sie nimmt die Gefahr der Verunreinigung sehr ernst und wird deshalb mehr von Furcht als von Verachtung getrieben" (G 327). Auf solche Weise soll bereits im Diesseits der zukünftige Zustand der Reinheit verwirklicht werden; die Askese dient insofern der Heiligung.

Die libertinistische Variante bezeichnet Jonas auch als esoterischen Typus, die asketische als exoterischen. So wollten etwa Markion und Mani eine Kirche gründen, die idealiter allumfassend sein sollte, obwohl nicht von dieser Welt (*Gnosis* 329). In dieser Idee beschlossen liegt auch diejenige eines Tugendkanons[10], der das Zusammenleben einer Brüdergemeinde regeln soll. Ethisches Zentralmotiv dieser Gemeinde ist aber keineswegs eine, wie auch immer verstandene, Selbstvervollkommnung (eine solche wird eher als Laster angesehen), sondern die Erlösung des gefangenen Pneûma aus den Fesseln der irdischen Daseinsform, also seine „Entweltlichung" (GSG I 171).

In den vorhergehenden Darlegungen zu Jonas' Interpretation der Gnosis wurden – unter Ausklammerung der von ihm vorgenommenen Einzelanalysen unterschiedlicher mythologischer oder mystisch-philosophischer Formen gnostischen Denkens – *typologisch* grundlegende Motive herausgearbeitet, die, wie der Autor schreibt, „das synthetische Prinzip für die Mannigfaltigkeit mythischer Objektivationen im gnostischen Auslegungsbereich" (GSG II 1) darstellen.

Obwohl Jonas' Gnosisbuch in den religionswissenschaftlichen Untersuchungen der neueren Zeit eher am Rande wahrgenommen wird bzw. dessen Defizite auch ausdrücklich genannt werden[11], darf nicht übersehen werden, dass

---

[10]In diesem spielt die *Demut* eine entscheidende Rolle.

[11]Siehe z. B. Kurt Rudolph, *Hans Jonas und die Gnosisforschung aus heutiger Sicht,* in: *Weiterwohnlichkeit der Welt,* a. a. O., S. 103 ff.; Micha Brumlik, *Ressentiment – Über einige Motive in Hans Jonas' frühem Gnosisbuch,* in: *ebd.,* S. 127 ff.

sein Interesse an der Gnosis ein primär religions*philosophisches* bzw. noch weiter, ein fundamental *anthropologisches* war, nämlich unter dem Stichwort „Entweltlichung" und dem damit einhergehenden des „Nihilismus", die Deutung der Stellung des Menschen und seiner Bestimmung in der Welt.

3.2   Neuzeitlicher Nihilismus und Gnosis

Ein bemerkenswertes Dokument im Kontext mit dieser Auseinandersetzung bildet der Aufsatz *Gnosticism and Modern Nihilism* (1952) (deutsch. 1963: *Gnosis, Existenzialismus und Nihilismus*). Allein die wiederholte Veröffentlichung des Aufsatzes[12] scheint auf ein zentrales Anliegen des Verfassers hinzuweisen.

Jonas versteht diesen Aufsatz ausdrücklich als *Experiment,* nämlich „einen Vergleich zwischen zwei geistigen Bewegungen […] zu ziehen", dem, was er als „antiken Nihilismus" bezeichnet, so wie er uns in der Gnosis begegnet, und dem „modernen Nihilismus" im Existenzialismus, vornehmlich in der Heideggerschen Variante (ZNE 5). Die diesbezügliche Grundthese lautet, „daß die Beiden etwas miteinander gemein haben, und daß dies Etwas derart ist, daß seine Ausarbeitung nach Ähnlichkeit sowohl wie Unterschied zu einer gegenseitigen Erhellung beider führen mag" (*Gnosis, Existenzialismus,* 5).

Wie also ist die Rede von den Gemeinsamkeiten zu verstehen? Im Aufsatz von 1952 (deutsch: 1963) steht diesbezüglich ein hermeneutischer Gesichtspunkt im Vordergrund: Das *tertium comparationis* zwischen antiker Gnosis und modernem Existenzialismus besteht in der Feststellung, dass letzterer einer „bestimmten, historisch erwachsenen Situation menschlicher Existenz" (ZNE 6) entspricht, die, wie erstere, unter das Stichwort „Nihilismus" subsumierbar ist (siehe den deutschen Titel des Aufsatzes, der das Anliegen genau trifft).

Jonas setzt hinsichtlich dieses Punktes bei der Deutung der menschlichen Existenz an, wie sie bei Blaise Pascal (1623–1662) zum Ausdruck kommt, nämlich bei der krisenhaften Erfahrung der „Einsamkeit des Menschen im physischen Universum der neuzeitlichen Kosmologie" (ZNE 7). Der Kosmos ist nicht (mehr) ein Ort der Heimat des Menschen, sondern in seiner durch die neuzeitliche Naturwissenschaft freigelegten Unendlichkeit, das ihm Fremde, das ihm keine Orientierung gibt; in seiner Stummheit ist er auch das Furchterregende. Pascal notiert:

---

[12]Im zweiten Teil von *GSG,* Göttingen 1993, S. 359–379; sodann als Epilog in: *Gnosis,* S. 377–400.

„Le silence éternel de ces espaces infinis m'effraie" *(Das ewige Schweigen dieser unendlichen Räume erschreckt mich)*[13]. In dieser Grunderfahrung des neuzeitlichen Menschen erblick Jonas eine Analogie zum antiken Gnostizismus. Zwar gibt er zu bedenken, dass in der Neuzeit das Universum noch als Schöpfung Gottes verstanden wird und nicht wie in der Gnosis als das Werk demiurgischer Wesen, aber „dieser Gott ist wesentlich ein verborgener Gott [...] und ist nicht erkennbar im Gefüge seiner Schöpfung"; die geschaffene Welt „offenbart nicht des Schöpfers Absicht durch ihre Einrichtung, noch seine Güte durch den Überfluß der geschaffenen Dinge, noch seine Weisheit durch deren Zweckmäßigkeit, noch seine Vollkommenheit durch Schönheit des Ganzen – sondern lediglich seine Macht durch ihre eigene Größe, durch ihre räumliche und zeitliche Unermeßlichkeit" (ZNE 9).

Dieser Beschreibung ist nun allerdings zu widersprechen. In der Tat ist – wenigstens in der zweiten Hälfte des 17. Jahrhunderts sowie im 18. Jahrhundert – genau das Gegenteil der Fall gewesen: Die mächtige Bewegung der sog. Physikotheologie mit ihren unzähligen Schriften sucht Gottes Gegenwart, seine Weisheit, seine Absichten, seine Vollkommenheiten in den Werken der Schöpfung nachzuweisen, und zwar von der Mineral- über die Pflanzen- und Tierwelt, über den Menschen bis hin zur Astronomie. Überall geht es darum, wie Christian Wolff (1769–1754) in seiner *Deutschen Physik* schreibt, Gottes verborgene Majestät im Wesen der Natur wie in einem Spiegel zu erblicken. Die Welt ist ein herrlicher Spiegel der Vollkommenheiten Gottes[14].

Nichtsdestotrotz darf zurückbehalten werden, dass Pascals Beschreibung dessen, was er das menschliche Elend nennt, gleichsam vorausahnend eine metaphysische Gestimmtheit widerspiegelt, die gewisse Analogien mit der gnostischen These von der Abgetrenntheit des Pneumas im kosmischen Ganzen aufweist.

Eine weitere Analogie erblickt Jonas im Bereich der *Ethik*. In Friedrich Nietzsches Topos vom „Tod Gottes" und der damit einhergehenden These von der Entwertung der obersten Werte[15] findet der neuzeitliche Nihilismus seinen aussagekräftigsten Ausdruck.

---

[13]Blaise Pascal, *Pensées,* fragment 206 (Ed. Brunschwicg).

[14]Siehe Christian Wolff., *Deutsche Teleologie,* in: *Gesammelte Werke,* Abt. I, Bd. 7, hg. von J. École u. a., Hildesheim 1980, Vorrede, S. 62.

[15]„Was bedeutet Nihilismus? – Daß die obersten Werte sich entwerten. Es fehlt das Ziel. Es fehlt die Antwort auf das 'Wozu'" (Friedrich Nietzsche, *Aus dem Nachlaß der achtziger Jahre,* in: *Werke,* hg. von K. Schlechta, Frankfurt-Berlin-Wien 1972, Bd. 4, S. 149).

Zwar ist die Analogie hier subtiler: In der dualistischen gnostischen Auffassung wird die Transzendenz nicht, wie bei Nietzsche, geleugnet, aber – und
hierin liegt die Gemeinsamkeit – sie ist ohne positive normative Beziehung zum
Menschen. Kein Gesetz geht von Gott aus, weder für den Kosmos noch für den
Menschen (ZNE 17). Hinsichtlich dieses Punktes erblickt Jonas eine Parallele
zu Jean-Paul Sartre: „Da das Transzendente schweigt [...], so reklamiert der ver-
lassene und sich selbst überlassene Mensch seine Freiheit" (ZNE 17). Mit dieser
ist der Mensch er selbst, insofern er sich in ihr entwirft. So wie der Pneumati-
ker gegenüber dem psychischen Menschen frei ist und sich nicht an das Gesetz
der Welt gebunden weiß, so auch im Existenzialismus der sich frei entwerfende
Mensch (ZNE 19).

Ein weiterer Aspekt, den es zu beachten gilt, betrifft das in der Gnosis und
im Existenzialismus obwaltende *Geschichtsverständnis*. Jonas weist darauf hin,
dass der eschatologischen Dimension des gnostischen Denkens eine Spannung
innewohnt, in der sich eine „unumkehrbare [] Richtung von der Vergangenheit zur
Zukunft" (ZNE 20) zeigt. In dieser ist das „Hineingeworfensein" zentral: „[...]
das Leben ist in die Welt geworfen, das Licht in die Finsternis, die Seele in den
Körper" (ZNE 20). Diesbezüglich verweist Jonas auf Heideggers Analyse des
In-der-Welt-seins als der Grundverfassung des Daseins[16]. Das Dasein ist in sein
Da „geworfen"[17]. Als solches ist das Dasein auch dasjenige, das als sich selbst
überantwortetes in bestimmte Möglichkeiten gestellt ist, demnach „geworfene
Möglichkeit"[18] ist.

Das gnostische Hineingeworfensein interpretiert Jonas *temporal* im Sinne
einer Vorherrschaft der Vergangenheit und Zukunft gegenüber der Gegenwart:
„Es gibt Vergangenheit und Zukunft, woher wir kommen und wohin wir eilen,
und die Gegenwart ist nur der Augenblick der Erkenntnis selber, die Peripetie von
der einen zur andern in der höchsten Krise des eschatologischen Jetzt" (ZNE 20).
Eine analoge Zeitkonzeption (freilich ohne den metaphysischen Unterbau der
Gnosis, für die die *Ewigkeit* den Hintergrund der innerweltlichen Zeitigungen
bildet) findet sich nach Jonas auch in Heideggers Analysen der Zeitlichkeit des
Daseins. So heißt es bei diesem im einem Vortrag vor der Marburger Theologen-
schaft im Juli 1924, das „Vorlaufen" sei *„die eigentliche* und einzige Zukunft des

---

[16]Siehe Martin Heidegger, *Sein und Zeit*, a. a. O., § 29, S. 134 ff.
[17]*Ebd.*, S. 135.
[18]*Ebd.*, § 41, S. 144.

eigenen Daseins", derart, dass gesagt werden kann, „Zukünftigkeit gibt Zeit, bildet die Gegenwart aus und läßt Vergangenheit im Wie ihres Gelebtseins wiederholen"[19].

Mit Blick auf Heideggers *Sein und Zeit* bemerkt Jonas, dass die Gegenwart als Augenblick „keine eigene Dimension des Aufenthalts" (ZNE 21) bilde. Die sogenannten Existenzialien (Geworfenheit, Faktizität, Schuld, Sorge, Entwurf usw.) sind Modi der *Zukunft*. Heidegger betont dies übrigens ausdrücklich, wenn er davon spricht, dass die eigentliche Zeitlichkeit die Zukunft sei[20]. Jonas fragt diesbezüglich: „Welche metaphysische Lage steht dahinter?" (ZNE 22).

Mit Heideggers These von der Vorrangstellung der Zukunft einher geht eine Entwertung der Gegenwart der Dinge: Sie werden zu bloß Vorhandenem. Jonas weitet Heideggers Analyse zu der These aus, dieses nur Vorhandene, „das Da der bloßen Naturdinge", sei „außerhalb der Relevanz der existenziellen Situation und des sorgenden Umgangs" (ZNE 22) und dementsprechend finde sich bei Heidegger eine „Entwertung der Natur" (ZNE 22), die ihre Parallele findet in der „gnostischen Naturverachtung" (ZNE 22). Und weiter: „Nie hat eine Philosophie sich so wenig um die Natur gekümmert, wie der Existenzialismus, für den sie keine Würde behalten hat" (ZNE 22 f.).

Jonas macht, trotz der angeführten Analogien, auch auf *Unterschiede* zwischen der Gnosis und dem Existenzialismus aufmerksam. Die kardinale Differenz besteht darin, dass, wie bereits im Zusammenhang mit Pascal angedeutet, der moderne Mensch in eine „gleichgültige" Natur geworfen ist, während der gnostische in eine „widergöttliche" (ZNE 23). Die damit einhergehende absolute Orientierungslosigkeit macht „den modernen Nihilismus um vieles radikaler und verzweifelter, als gnostischer Nihilismus mit all seinem Schrecken vor der Welt und seiner Auflehnung gegen ihre Gesetze je sein konnte" (ZNE 24).

Die kritische Pointe der Auseinandersetzung mit dem existenzialistischen Nihilismus erschließt sich dem Leser erst vor dem Hintergrund derjenigen Grundthese von Jonas, die er seit den 1940er Jahren zunächst in den sogenannten Lehrbriefen an seine Frau Lore entwickelt und in seiner Philosophie des Organischen detaillierter ausformuliert hat. Gegen die Rede von der Geworfenheit des Menschen in die Welt macht Jonas zwei Einwände geltend, deren erster logischer, der zweite metaphysischer Natur ist. Ersterer betrifft die Möglichkeit von Geworfenheit *ohne einen Werfer*. Die existenzialistische Rede, in deren Konstrukt es keinen

---

[19]Martin Heidegger, *Der Begriff der Zeit* (1924), Tübingen 1989, S. 19.

[20]Siehe *Sein und Zeit*, a. a. O., § 65, S. 329.

Platz für einen solchen gibt, enthält insofern einen „Überrest von einer dualisti-schen Metaphysik", zu dessen Gebrauch sie kein Anrecht hat. Wenn schon von Geworfenheit die Rede ist, dann müsste eher gesagt werden, der Mensch sei „*von* der Natur hervorgeworfen worden" (ZNE 24). Sollte dies das Ergebnis des Zufalls sein, dann hieße dies, dass ein Sehendes – der Mensch – ein Erzeugnis des Blinden – der Natur – wäre. In seinen eigenen Arbeiten zur Philosophie des Organischen wird Jonas gegen das dieser Sichtweise innewohnende Prinzip des A-teleologischen der Natur argumentieren.

Die Ausklammerung des „Anthropischen" aus der prinzipiell a-teleologisch verstandenen Natur, der „Bruch zwischen Mensch und totalem Sein ist am Grunde des Nihilismus" (ZNE 25). Sie hat ihr Gegenstück in der Indifferenz des Menschen an seinem eigenen Sein, an seiner Sonderstellung.

Einerseits also, so das Fazit, ein Dualismus *ohne* Metaphysik (Mensch versus Natur mit monistischer Voraussetzung), andererseits – existenzialistisch – als Reaktion hierauf, der „gebannte Blick auf das isolierte Selbst" (ZNE 25), wodurch der Blick für das Ganze verloren geht.

Dass die Philosophie sich mit dieser Feststellung nicht abzufinden braucht, deutet Jonas am Ende des Aufsatzes an: Ob dem modernen Geist „ein dritter Weg offensteht, einer, der die dualistische Entfremdung vermeidet und doch genug von der dualistischen Einsicht bewahrt, um die Menschlichkeit des Menschen zu erhalten – dies herauszufinden ist Sache der Philosophie" (ZNE 25).

Es ist damit das Arbeitsprogramm skizziert, das in Jonas' Philosophie des Organischen oder des Lebens seinen Ausdruck finden wird.

Die Philosophie des Lebens

4

4.1 Grundzüge der Philosophie des Lebens

In den sogenannten Lehrbriefen an seine Frau Lore, die Jonas während seiner Teilnahme an den kriegerischen Auseinandersetzungen im Jahre 1944 schrieb, finden wir die Grundideen seiner Philosophie des Lebens. Zwei Einsichten werden bereits hier sichtbar, die späterhin genauer ausdifferenziert werden:

- Wenn man sich nicht auf den Dualismus (Materie/Leben) einlässt, kreditiert „die Realität der Welt […] die Materie mit der Leistung, das Leben in seiner aufsteigenden Reihe, die Sinnestätigkeit, den Menschen und damit auch die Intentionalität seines Bewußtseins auf sie – die Welt – selbst, aus sich hervorgebracht zu haben" (E 348 f.).
- Dieser Prozess kann nach Jonas nicht blind gewesen sein, das heißt so, dass die rein mechanischen Vorgänge in der Natur das Leben bis hin zu den höchsten Bewusstseinsformen, aufgrund derer die Welt selber objektivierbar wird, sozusagen nur als zufälliges Nebenprodukt gemeint hätten. Anders gesagt, für Jonas steht fest, dass sich in der ursprünglichen Weltsubstanz, wie auch immer diese materiell konstituiert sein mag, das Ziel – in der aufsteigenden Reihe der qualitativen Ausdifferenzierungen bis hin zum Leben und darüber hinaus zum Menschen angelegt ist.

Mit der These einer in ihrem Kern zielgerichteten Organisation der Welt rehabilitiert Jonas eine sogenannte *teleologische* Ursächlichkeit (télos = Ziel, Zweck), die im Modell der mechanistischen Betrachtungsweise der Welt, so wie es für das Wissenschaftsverständnis der Moderne paradigmatisch ist, keinen Platz mehr hat. Nach Jonas ist das Verbot der Teleologie zunächst im Sinn

© Springer Fachmedien Wiesbaden GmbH, ein Teil von Springer Nature 2019
R. Theis, *Hans Jonas*, essentials,
https://doi.org/10.1007/978-3-658-22925-2_4

einer methodologischen Grundannahme zu verstehen und ist nicht Ergebnis auf
der Grundlage gewonnener Erkenntnisse und Nachforschungen. Insofern han-
delt es sich um ein „A-priori Dekret der modernen Wissenschaft" (PL 66), ein
„fraglose[r] Glaubensartikel der wissenschaftlichen Einstellung" (PL 65). Der
ablehnenden Haltung gegenüber dem teleologischen Denken liegt die Kritik
zugrunde, dass dieses letzten Endes *anthropomorph* sei, insofern dem menschlichen Geist ein Hang zu finalen Erklärungen innewohne, der auf die Natur selber
übertragen werde und eine Art Verunreinigung der Erforschung der Natur darstelle.

Nach Jonas steckt hinter dieser Kritik eine metaphysische Fundamentalaus-
sage, nämlich die einer Differenz zwischen dem Sein der Natur und dem Sein des
Menschen (Materie und Geist), also eine dualistische Ontologie (die spurenhaft
bis in die Gnosis hin verweist). Diesem so behaupteten Dualismus steht aber die
organische Erfahrung entgegen. Es ist mit Blick auf die Evolutionslehre, wo der
klassisch vertretene Dualismus zugunsten eines wie auch immer gearteten Monis-
mus überwunden wird. Für Jonas stellt sich diesbezüglich folgende Alternative:

> [...] entweder die Anwesenheit zweckgerichteter Innerlichkeit in einem Teil der
> physischen Ordnung, nämlich im Menschen, als gültiges Zeugnis für die Natur jener
> weiteren Wirklichkeit zu verstehen, die sie aus sich hervorgehen ließ [...]; oder die
> Normen mechanischer Materie bis ins Herz der anscheinend heterogenen Klasse
> von Phänomenen auszudehnen und Teleologie sogar aus der ‚Natur des Menschen'
> zu verbannen, von wo aus sie die ‚Natur des Universums' verunreinigt hatte – das
> heißt, den Menschen sich selbst zu entfremden und der Selbsterfahrung des Lebens
> die Echtheit abzusprechen (PL 71).

Mit der Rehabilitierung der Teleologie verfolgt Jonas kein wissenschafts-
theoretisches Anliegen, sondern ein ontologisches: Die Interpretation des
Organismus als des allem Lebendigen Gemeinsamen in der Gedoppeltheit
von Genealogie gemäß der Evolutionslehre einerseits, und Teleologie als der
Gerichtetheit des evolutiven Prozesses, der im Menschen das „Maximum uns
bekannter konkreter ontologischer Vollständigkeit" (PU 15 f.) findet, andererseits,
soll die Unhaltbarkeit des Dualismus nachweisen.

Wenden wir uns nun dem ersten eingangs erwähnten Aspekt der Philosophie
des Lebens zu. Welches sind deren Kernaussagen der sie tragenden Ontologie? Die
als erste zu beantwortende Frage ist die nach dem *Wesenscharakter des Lebendigen.*
Bereits in den *Lehrbriefen* erhalten wir diesbezüglich die zentralen Antworten:

a) Das Lebende ist im Ganzen der Natur etwas *Einzigartiges,* „die extreme
Unwahrscheinlichkeit [...] der mechanischen Natur: das Qualitative gegenüber
dem bloß Quantitativen" (E 364). Hinzu kommt, dass das Lebende seinem Wesen
nach *individuell* ist: „Leben existiert nur in der Form von Individuen, primitivstes
wie höchstentwickeltes" (ebd.).

b) Das lebendige Wesen, das phänomenologisch in der Weise bestimmter Zusammensetzungen von Materie besteht, ist *nicht identisch mit dem Stoff, aus dem es besteht* (E 351). Es ist vielmehr eine „organisierende Form" (ebd.), die zum Zweck ihrer Selbsterhaltung ihren stofflichen Bestand ständig wechselt bzw. durch diesen Wechsel überhaupt erst in ihrer Identität erhält und konstituiert (ebd.): „Die Identität des Lebewesens […] ist seine eigene unaufhörliche Leistung" (E 352), seine eigene Schöpfung und nicht ein einfaches und ein für alle Mal Gegebenes.

An diesem Punkt ist nun nach den *Grundbegriffen* zu fragen, die für Jonas' Philosophie des Lebens zentral sind. Das Auftreten der „stofflichen Seinsform ‚Leben' (E 356), das sich in der Geschichte der Materie ereignet hat und dessen Anfänge uns verschlossen bleiben, zeugt von einer ontologischen Revolution, deren Prinzip die „Verselbständigung von ‚Form' innerhalb der Materie ist" (E 356). Zur Identifizierung dieses Prinzips führt Jonas den Begriff der *Freiheit* ein, der zum „Leitbegriff für die Interpretation des Lebens wird" (E 357).

Dieser auf den ersten Blick irritierende Begriff ist nicht im Sinn praktischer Freiheit zu verstehen, also äußerer Handlungs- und innerer Willensfreiheit, sondern bezeichnet für Jonas einen „objektiv unterscheidbaren Seinsmodus […], d.h. eine Art zu existieren, die dem Organischen per se zukommt und insofern von allen Mitgliedern, aber keinem Nichtmitglied der Klasse ‚Organismus' geteilt wird, ein ontologisch beschreibender Begriff" (PU 13). „Organismus und Freiheit" – so der ursprünglich deutsche Titel von *Das Prinzip Leben* – gehören programmatisch aufs engste zusammen.

Die elementare Äußerung dieses Prinzips ist der *Stoffwechsel*. Bereits in den *Lehrbriefen* kommt diese These in aller Deutlichkeit zum Ausdruck: „Ein Prinzip der *Freiheit* leuchtet zum ersten Mal in der ungeheuren Gebundenheit, In-sich-Verhaftetheit der physischen Welt auf, in den blinden Regungen urzeitlicher organischer Substanz, eine Freiheit, die Sonnen, Planeten und Atomen fremd ist – und ihre ursprüngliche elementare Äußerung ist der Stoffwechsel" (E 356).

Die Freiheit des Lebendigen ist dem reinen Mit-sich-Identisch-sein der Materie entgegengesetzt. Freilich liegt hierin auch ein Paradox beschlossen: Das Lebendige, die lebende *Form,* ist immer stofflich konkret, aber sie kennzeichnet sich dadurch, dass sie nicht in diesem jeweiligen Stoff verbleibt; das Lebendige ist „niemals stofflich dasselbe, und doch beharrt es als dieses identische Selbst gerade dadurch, daß es nicht derselbe Stoff bleibt" (PU 18).

Man muss nach Jonas den Stoffwechsel oder Metabolismus nach mehreren Richtungen bedenken: Einerseits ist er eine Notwendigkeit: Die lebende Form muss ihren Stoff wechseln, um zu sein. Die Alternative dazu ist der Tod. Andererseits bildet das Lebendige kein geschlossenes System, sondern besteht in ständigem Austausch mit seiner Umgebung. Um Stoff wechseln zu können, ist Zugang

zu Materie erforderlich: „Die Existenz der Lebensform erfordert unaufhörlichen
Zugang neuer Materie, die nicht mit ihr gegeben ist" (ebd.). Der Hinweis auf das
Angewiesen-Sein der Welt bzw. die prinzipiell damit verbundene positive Offenheit gegenüber der „fremden Welt" (PL 159) lässt sich als indirekte Stellungnahme
gegen die Gnosis lesen: Die Transzendenz des Lebendigen gegenüber der Welt
artikuliert sich *in* und *durch* die materielle Tatsache der Abhängigkeit von der Welt.

Eine weitere interessante Beobachtung im Zusammenhang mit der eben
gemachten Offenheit des Lebendigen ist die, dass sich diese in dem Maße steigert,
wie das Lebendige sich hin zu höheren Formen entwickelt. Minimal, etwa bei der
Pflanze, gelangt sie zu ihrer breitesten Form beim Menschen (PL 159 f.).

Schließlich ist zu beachten, dass die lebendige Form nicht nach Art einer
Maschine der „Ort" ist, wo der Stoffwechsel stattfindet, sondern in jedem Augenblick das Ergebnis seiner eigenen Stoffwechseltätigkeit (PU 18 f.)[1].

Mit dem Begriff der Freiheit ist ein erster Leitbegriff für die Deutung des
Lebendigen gegeben. Mit ihm soll die Selbstständigkeit des Organismus in seiner
Funktionseinheit zum Ausdruck kommen.

Ein weiterer zentraler Aspekt des Lebendigen ist seine ontologische
Individualität. Erst das Leben hat „Individualität in den Kosmos eingeführt"
(E 379); dies bringt mit sich, dass „nur Lebewesen echte Individuen sind" und
dass *„alle* Lebewesen als solche Individuen sind" (ebd.). Diese Individualität –
auch als selbstzentrierte Einheit verstanden (E 362; 379; 382) – differenziert sich
phänomenologisch (nicht ontologisch!), je höher man auf der Stufenleiter der
Lebewesen steigt. Im Menschen erreicht sie ihre „volle Verwirklichung" (E 381).
Diese Form der Individualität bezeichnet Jonas als „persönliche" (ebd.).

1950 taucht zum Zweck der Beschreibung und Deutung des Lebens ein neuer
Leitbegriff in Jonas' Schriften auf, nämlich der der *Innerlichkeit* (PL 71)[2]. Der
Begriff bezeichnet letzten Endes das nämliche wie der der Freiheit. Freiheit, so
sahen wir, ist „ontologischer Grundcharakter des Lebens" (E 357); Innerlichkeit
ist „koextensiv mit dem Leben" (PL 101). Dennoch verbindet Jonas, trotz der
vordergründigen Nähe der beiden Begriffe, mit dem der Innerlichkeit eine Idee,
die über die Freiheit hinausreicht, nämlich die der *Subjektivität* (PL 160). Was ist
hierunter zu verstehen?

---

[1]Die These vom Organismus qua ständigem Stoffwechsel musste dahin gehend nuanciert
werden, dass das DNA eigentlich nicht am Stoffwechsel teilhat, sondern das Substrat
oder „Gedächtnis" für diesen bildet, insofern auf dessen Grundlage die auszutauschenden
Elemente im Lebendigen sozusagen an der „richtigen Stelle" eingesetzt werden.

[2]Mit Bezug auf den Menschen ist die Rede von zweckgerichteter Innerlichkeit in einem
Teil der physischen Ordnung (PL 100; 161 ff.)

Ausgehend vom Menschen wird Innerlichkeit beschrieben als das Reich der Seele „mit seinen Attributen des Fühlens, Strebens, Leidens, Genießens" (PL 100). In absteigender und demnach auch weniger bewusster Ausformung vom Menschen über die Tierwelt bis hin zum bloß sensitiven Lebewesen bedeutet Innerlichkeit etwas, das Jonas als *gefühlte Selbstheit* bezeichnet (PL 160). Sie bildet ein komplexes Phänomen. Zum einen ist sie Ausdruck eines *Interesses des Organismus* an seinem eigenen Dasein und an dessen Fortbestehen. Insofern bezeichnet er sie auch als „egozentrisch" (PL 161). Zum andern aber ist ein derartiges Interesse so, dass es das Andere seiner selbst sucht. Zwar ist dieses Suchen in der „organischen Notdurft" (PL 161) gegründet, aber durch die stattfindende Selektion dessen, was der Organismus braucht, entsteht Beziehung zum Äußeren.

Der Rezeptivität der Empfindungen entspricht aufseiten des Lebendigen eine *Aktivität* (im Gegensatz zu bloßer Dynamik). Dieser Aspekt ist sowohl in räumlichen als auch in zeitlichen Kategorien auslegbar. Was diesen letzteren betrifft, so zeigt sich, dass das von Bedürfnissen getriebene Selbstinteresse einen Zeithorizont eröffnet, der nicht äußere (räumliche) Gegenwärtigkeit umfasst, sondern auch innere Erwartung in der Form des Bevorstehens nächster Zukunft, „wohin die organische Kontinuität in jedem Augenblick unterwegs ist zur Befriedigung des Mangels ebendieses Augenblicks" (PL 162). Aus dieser Sicht kommt dem Zeitmodus der *Zukunft* Vorrang zu: „Zukunft ist der dominante Zeithorizont, der sich vor dem Stoß des Lebens auftut, wenn Interesse das erste Prinzip seiner Innerlichkeit ist" (PL 163).

In der Zukünftigkeit als dominantem Zeithorizont liegt die „Wurzel der teleologischen oder finalistischen Natur des Lebens" (PL 163). Dabei ist Zweckhaftigkeit in einem dynamischen Sinn zu verstehen, der nach Jonas in der Freiheit als der Nichtidentität mit dem eigenen Stoff besteht.

4.2 Auf dem Weg zur Philosophie des Menschen

Das Leben als Transzendenz oder dialektische Freiheit gegenüber dem bloßen Stoff prägt sich, aus evolutionärer Perspektive, in immer komplexerer Differenzierung aus – „eine fortschreitende Stufenleiter von Freiheit und Gefahr, gipfelnd im Menschen, der seine Einzigkeit vielleicht neu verstehen kann, wenn er sich nicht länger in metaphysischer Abgetrenntheit sieht" (PL 10).

Je höher sich das Lebendige entwickelt, desto mehr vereinzelt es sich; je stärker es sich vereinzelt, desto mehr „wächst der Radius seiner möglichen Kontakte" (PL 182). Im Ausgang von dieser Grundidee soll nach dem Spezifikum des Menschen Ausschau gehalten werden.

Ansetzend beim rein vegetativen Leben, also der Pflanze, gibt Jonas zu bedenken, einerseits, dass hier eine Art Offenheit zur Welt besteht, die sich in der elementaren Form der Empfindlichkeit für Reize zeigt: „Reizbarkeit ist der Keim und gewissermaßen das Atom des Welthabens" (PL 184); andererseits aber, dass man hier noch nicht von einem wirklichen Welt*bezug* reden kann: Dieser „entsteht erst mit der Entwicklung spezifischer Sinne, definierter motorischer Strukturen und eines Zentralnervensystems" (PL 184).

Kennzeichnet sich das Pflanzliche dadurch, dass in ihm die sogenannte Innerlichkeit *minimal* und der Austausch mit der Welt automatisch und unmittelbar ist, so finden wir beim Tier Anfänge einer wirklichen *Objektwelt*. Dies bedeutet mehreres: Je komplexer das lebende Wesen strukturiert ist, desto individuierter ist es. Dies darf aber nicht dahin gehend verstanden werden, als sei der *ontologische* Begriff des Individuums steigerungsfähig. Es sind *individuelle* Eigenschaften und Differenzierungen, die sich in der Höherentwicklung herausbilden, ohne dass deswegen die primitiveren verschwinden (E 381).

Drei Merkmale sind es, durch die sich tierisches vom pflanzlichen Leben unterscheidet: motorische Strukturen, Wahrnehmung und Emotion (PL 184). Durch die beiden ersteren ist das Lebewesen (Tier) auf die äußere Welt bezogen: Durch Wahrnehmung und Bewegungsfähigkeit bzw. -freiheit erschließt sich ihm der Raum; durch Emotion (nach innen) die Zeit.

Fernwahrnehmung ist erfordert, um ein [...] Ziel zu erspähen: somit ist die Entwicklung der Sinne im Spiel [...]. Um aber das entfernt Wahrgenommene *als* Ziel zu erleben und seine Zielqualität lebendig zu erhalten, so daß die Bewegung über die notwendige Spanne von Anstrengung und Zeit fortgetragen wird, dazu ist das Verlangen erfordert – und somit ist die Entwicklung des Gefühls im Spiel. [...] Derart repräsentiert das Verlangen den Zeitaspekt der gleichen Situation, deren Raumaspekt die Wahrnehmung darstellt (PL 187).

Ein wichtiger Punkt in diesem Zusammenhang ist der der Mittelbarkeit. Darunter versteht Jonas die „'Abständigkeit' tierischen Seins" (PL 187). Während die Pflanze unmittelbar an ihre Umwelt gebunden ist, in die sie kontinuierlich integriert ist, existiert für das Tier ein Abstand zwischen dem Bedürfnis nach Befriedigung (Begehren) und dessen Erfüllung. Dieser involviert die Spaltung zwischen Subjekt und Objekt, die es im Bereich des Vegetativen nicht gibt. Das freiere Sein des Tieres darf freilich nicht übersehen lassen, dass solche Freiheit prekärer Natur ist: Tierisches Leben ist risikoreich; das Überleben ist Sache des Verhaltens in Einzelaktionen (PL 191 f.).

Ein weiterer bereits oben erwähnter Aspekt ist der, dass das tierische Sein, das sich der Welt entgegenstellt, *individuiert* ist. Je entwickelter die Merkmale der Motilität, Wahrnehmung und Emotion sind, umso individuierter ist das Tier. Bereits in den *Lehrbriefen* hatte sich Jonas zu diesem Thema der Individuation geäußert. Bezüglich der Tiere hatte er den Begriff der charakterologischen Individualität geprägt; mit Blick auf den Menschen sprach er von „persönlicher Individualität" (E 381).

4.3   Der Mensch: ein symbolisches Wesen

Auf der „aufsteigende[n] Stufenleiter im Sinn einer zunehmenden Komplizierung der Form bei gleichzeitiger Differenzierung der Funktion" (PL 16) wird beim Menschen ein neuer Grad erreicht. Hier gelangt die Mittelbarkeit im Verhältnis von Organismus zur Umwelt zur „umfassendsten und freiesten Objektivierung des Seinsganzen" (PL 16; auch 307). Diese gipfelt schließlich in der Besinnung des Subjekts auf sich selbst, wo es nach seinem Ort im Ganzen der Weltwirklichkeit fragt.

Eine erste Skizze einer Philosophie des Menschen erschien 1961 in einem in deutscher Sprache verfassten Aufsatz *Homo pictor und die differentia des Menschen*[3]. In *Werkzeug, Bild und Grab*[4] aus dem Jahr 1985 reflektiert Jonas erneut über das „Transanimalische" im Menschen (so der Untertitel) mit dem Ziel, die Grundlagen einer philosophischen Anthropologie zu legen.

Es ist im Ausgang von der Analyse des Bildes, wo Jonas nach dem spezifischen Unterschied zwischen Mensch und Tier fragt. Im Aufsatz vom 1961 ersinnt er diesbezüglich ein heuristisches Experiment, nämlich das von Weltraumfahrern, die auf einem fremden Planeten Ausschau danach halten, ob es dort Menschen gebe. Auf ihren Erkundungen betreten sie eine Höhle, in der sie Darstellungen finden, die künstlichen Ursprungs *sein müssen*. Dies veranlasst sie zu dem Ausruf: „Dies haben ‚Menschen' gemacht" (PL 269), das heißt Wesen, die potenziell sprechende, denkende, empfindende, kurz „,symbolische' Wesen"' (PL 269) sind.

Bildproduktion zeugt nach Jonas von einem Wesen, das sich biologisch Nutzlosem widmet: „Die Darstellung von etwas verändert […] weder die Umwelt noch den Zustand des Organismus selbst. Ein bildmachendes Wesen ist daher eines, das entweder dem Herstellen nutzloser Dinge frönt, oder Zwecke außer den biologischen hat, oder die letzteren noch auf andere Art verfolgen kann als durch die instrumentale Verwendung von Dingen" (PL 269).

---

[3]Jetzt in: PL, S. 265–291 (ergänzt mit einem Nachwort).
[4]Jetzt in: PU, S. 34–49.

Das Bild bzw. die bildliche Darstellung charakterisiert sich durch absicht-
liche aber unvollständige Ähnlichkeit (da keine Kopie) mit der abgebildeten
visuellen Form und zeugt von einem mehr oder weniger hohen Grad von
Abstraktheit bzw. Stilisierung. Dem Bild eignet auch eine gewisse Allgemeinheit (ähnlich der Sprache): So stellt der Künstler, indem er z. B. eine bestimmte
Antilope darstellt, *die* Antilope dar[5]. In und durch das Bild erfolgt – wie übrigens auch in der Sprache – eine Verdoppelung der Welt.

Aufseiten des Bilder wahrnehmenden Subjekts wird die Fähigkeit voraus-
gesetzt, etwas Dargestelltes *als ein Bild* wahrzunehmen. Diese letztere, verstanden als repräsentatives Vermögen, unterscheidet den Menschen wesentlich
vom Tier. Das Tier entbehrt der Fähigkeit, die Idee (Bild) vom Stoff, d. h. dem
physischen Träger, herauszulösen. Jonas führt das Beispiel der Vogelscheuche an:
„Sowohl Mensch wie Vogel nehmen in der Vogelscheuche […] die Ähnlichkeit
etwa mit einer menschlichen Figur wahr. Beim Vogel aber heißt dies die Vogelscheuche für einen Menschen halten" (PL 278). Anders gewendet: Das Tier hat es
mit anwesenden Dingen zu tun; ist dies hinreichend „'wie' ein anderes, so ist es
ein Ding derselben Art" (PL 280).

Im Gegensatz dazu erfasst der Mensch das Ding *als* bloße Ähnlichkeit – es
steht für anderes. Dies wurzelt in etwas, das *mehr* als bloße Perzeption ist, nämlich auf begrifflicher Fähigkeit, kraft welcher ein Bild als *Bild von etwas anderem*
identifiziert wird. Auf solche Weise wird in der Wahrnehmung das Bild vom
dargestellten Gegenstand losgelöst. Dies ist möglich aufgrund der Abstraktions-
fähigkeit des Menschen, auf der der Unterschied zwischen bloßer Empfindung
und Wahrnehmung beruht. In jeder Empfindung – Jonas beschränkt sich auf
den Gesichtssinn – einer sinnlichen Schicht eines Gegenstandes, z. B. der verschiedenen Seiten eines Stuhls, die nacheinander wahrgenommen werden, verleiht
die Wahrnehmung dem Gegenstand eine Identität; jede Sinnesschicht fungiert als
Bild des *Stuhls* und repräsentiert symbolisch den *ganzen* Gegenstand. Dies ist deshalb der Fall, weil wir von Besonderheiten absehen, die sich in den sukzessiven
Empfindungen zeigen, wodurch uns ermöglicht wird, Ähnliches im Unähnlichen
zu erkennen. Dem Bild wohnt insofern eine *Mittelbarkeit* inne, insofern es von
seinem Gegenstand losgelöst ist. Es steht sozusagen zwischen dem Gegenstand
und dem Subjekt.

Gehen wir von der Bild*wahrnehmung* zur Bild*produktion* über, also dem Über-
setzen eines wahrgenommenen Objekts in etwas Stoffliches, so zeigt sich hier eine

---

[5]Ob derartige Kennzeichnung auch etwa auf das Porträt zutrifft, wäre kritisch zu fragen.

neue Ebene der Mittelbarkeit. In der äußeren Darstellung wird das Bild *mitteil-bar* (PL 285). Jonas bezeichnet dies auch als „Objektivierung individueller Wahr-nehmung" (PL 285). Die mit ihr einhergehende Dimension der Intersubjektivität beinhaltet eine weitere Frage, nämlich die nach der *Wahrheit* des Bildes. Jedes Bild drückt etwas Wahres aus in dem Maße wie es den Gegenstand nachahmt und somit eine Art Angleichung, Übereinstimmung *(adaequatio)* mit dem Gegenstand bedeutet. Nach Jonas ist dies die erste Form theoretischer Wahrheit.

Die Bildproduktion setzt zudem aufseiten des Produzierenden eine *physi-sche* Aktivität voraus, die Beherrschung seiner körperlichen Kraft impliziert. Die Motilität gehorcht hier nicht mehr dem einfachen Schema von Stimulus und Reaktion wie beim Tier. Jonas sieht in der „eidetischen Kontrolle der Motilität" (PL 287), die sich im Übrigen auch beim Tanz oder beim Schreiben vorfindet, einen weiteren Aspekt der transanimalischen Freiheit, die dem Menschen eigen ist.

Im Aufsatz von 1985 über *Werkzeug, Bild und Grab* fügt der Verfasser den genannten Aspekten, die bei der Analyse des Bildes bzw. der Bildproduktion und -wahrnehmung herausgearbeitet worden waren, einen weiteren hinzu, näm-lich den der Sprache: Diejenigen, die Bilder schufen, „hatten auch Sprache" (PU 44). Es ist insbesondere im Aspekt der symbolischen Verdoppelung der Welt, wo Jonas eine Analogie zwischen Bild und Sprache erblickt: Genauso wie im Sprechen die Welt im Medium des begrifflich Allgemeinen symbolisch noch einmal gemacht wird, so auch im Bild; wie bereits früher erwähnt ist die vorzeitliche Darstellung einer Antilope intentional nicht individuiert, sondern Darstellung *der* Antilope.

In diesem Aufsatz aus dem Jahre 1985 arbeitet Jonas zwei weitere „Grund-koordinaten einer philosophischen Anthropologie" (PU 37) heraus, nämlich das *Werkzeug* und das *Grab;* beide sind bereits früh in der Geschichte des Leben-digen auffindbar und können, selbst in ihren primitivsten Formen, keinem Tier zugetraut werden.

Im Gegensatz zum Bild, in dem sich der Wesensunterschied zwischen Tier und Mensch kundtut (PU 39), ist das Werkzeug etwas, das dem „tierischen Vital-zweck noch am nächsten steht" (PU 37), und zwar aufgrund seines utilitären Charakters. Es ist ein „künstliches hergerichtetes träges Objekt", das „als Mittel zwischen das Leibesorgan […] und den außerleiblichen Gegenstand der Hand-lung zwischengeschaltet wird". (PU 37). Werkzeuge sind mit Blick auf bestimmte Zwecke hergestellt, die mit deren Hilfe erreicht werden können. Die Herstellung selber setzt, neben der spezifischen Motilität der Körperorgane (etwa der Hände) eine eidetische Kraft der Vorstellung, sprich: eine zunächst in der Einbildung entstandene Form, voraus. Diesbezüglich zeigt sich eine gewisse Nähe zur Bild-produktion.

Mit dem dritten Artefakt, dem *Grab,* haben wir einen weiteren Beweis des Transanimalischen. Das Grab ist dies indes in einer fundamentaleren Weise als das Bild und das Werkzeug. Es ist Ausdruck des Bewusstseins der Sterblichkeit, also der Reflexion, nicht auf die Welt (was beim Bild und Werkzeug auch der Fall ist), sondern auf sich selbst. „An den Gräbern kristallisiert sich die Frage: wo komm ich her, wo geh ich hin? und letztlich die: Was bin ich – jenseits dessen, was ich jeweils tue und erfahre?" (PU 46). Aus den Gräbern, so Jonas in einer kühnen Formulierung, erhebt sich letztlich die Metaphysik (PU 46), aber auch die Geschichte als Kontinuum der Geschlechter.

Im Werkzeug, Bild und Grab sowie ihren theoretisch-praktischen Ausdifferenzierungen in Technik, Kunst und Metaphysik zeigen sich grundlegende Modi des menschlichen transanimalischen Bezugs zur Welt, Weisen der Mittelbarkeit und damit der Freiheit des Menschen.

Es ist interessant hervorzuheben, dass Jonas in diesen Aufsätzen, deren Thema die Philosophie des Menschen ist, keinen expliziten Bezug auf Ethik als eine ausgezeichnete Weise des Transanimalischen in der Form der Normativität nimmt. In dem Vortrag über den *Gottesbegriff nach Auschwitz* (1984), der Gedanken wiederaufnimmt, die bereits 1961/1962 angedeutet worden waren[6], spricht er allerdings davon, dass mit der Heraufkunft von Wissen und Freiheit auch die Aufgabe der Verantwortung „unter der Disjunktion von Gut und Böse" entsteht (PU 196).

In *Materie, Geist und Schöpfung* (1988) kommt Jonas auf das sogenannte „anthropische Zeugnis" (PU 223) zu sprechen, das in der transzendierenden Freiheit des Geistes besteht. In einem großen Fresko, dessen Intentionen nichts weniger als *theologisch* zu nennen sind, entwickelt er mehrere Aspekte dieser Freiheit des Geistes: „1. Die Freiheit des Denkens zur Selbstbestimmung in der Wahl seiner jeweiligen Thematik [...]. 2. Die Freiheit zur *Abwandlung* des sinnlich Gegebenen in selbsterschaffenen inneren Bildern [...]. 3. Von der symbolischen Flugkraft der Sprache getragen, die Freiheit zum Überschritt über alles je Gebbare und seine Dimension als solche hinaus" (PU 223). Letztere lässt sich sowohl theoretisch als praktisch begreifen. In theoretischer Hinsicht kann man sie, im weiteren Sinn als metaphysische Aktivität bezeichnen (Wesenserkenntnis, Reflexion auf das Unbedingte, das Ideal). Es ist aber in praktischer Hinsicht, wo gedachte Freiheit ihren höchsten Ausdruck findet. Jonas spricht diesbezüglich von einer vierten Form der Freiheit, die er als *moralische Freiheit* bezeichnet (PU 224). Sein voraussetzungsreicher Gedanke dabei ist der folgende: Im bzw.

---

[6]Siehe *Unsterblichkeit und heutige Existenz,* in: *Zwischen Nichts und Ewigkeit,* S. 58 ff.

auf der Grundlage des theoretischen Erkennens entspringt eine Art Bindung
an das Unbedingte oder Ideal, das als Wert gedacht wird indem es als Zweck
anerkannt wird. Dies nun beinhaltet eine Form von *Forderung* – Jonas spricht
von einem „*Anspruch* des Erkannten an mich" (PU 224) –, die einen Übergang
von einem „Ist" (das Unbedingte als Erkanntes) zu einem „Sollen" bedeutet, „von
der geschauten Qualität zum gehörten Gebot des Wertes" (PU 224). Auf solche
Weise wird das theoretische Wissen um eine Dimension des Wissens um Gut und
Böse angereichert, die ihrerseits auch „Fähigkeit *zum* Guten und Bösen" (PU 225)
beinhaltet. Der „Ruf" des Guten (man wird hier an den gnostischen Ruf erinnert!),
dem sich das Subjekt in seiner Freiheit auch versagen kann, erweist sich somit als
ein Ruf in die *Verantwortung* für anderes, seien es Personen oder Zustände.

Einher hiermit geht dann auch die ethische Reflexion auf sich selber. Sie
fragt in einer neuen Weise: Wer bin ich? – dies nun aus dem Blickwinkel der
Bewertung meines Handelns, also unter dem Spruch des Gewissens.

Die Reflexion auf das Transanimalische im Menschen mit ihrer Aus-
differenzierung im Horizont des Ethischen wirft nun *ex post* ein bemerkenswertes
Licht auf den *Weg der Freiheit* in seiner Gesamtheit und zwar zurück bis in deren
elementare Formen. Das, was Jonas als Latenz der Subjektivität in der Materie
bezeichnet (PU 221) lässt sich – ceteris paribus – als Latenz der *Verantwortung*
und damit als sprachloser Aufruf deuten, der dem Stoff sozusagen selber innewohnt und ihm demzufolge auch *Wert* verleiht, den das um sich und seine
Möglichkeiten wissende Subjekt anzuerkennen hat und dem es sich letzten Endes
zu unterstellen hat.

Ethik der Verantwortung

5

Im Jahre 1961 veröffentlichte Hans Jonas einen hochspekulativen Aufsatz unter dem Titel *Immortality and the Modern Tempert* (deutsch: *Unsterblichkeit und heutige Existenz*). In ihm konstruiert er einen Mythos, den er später als „kosmologischen Versuch" (PU 244) bezeichnen wird, der in seinen ethischen Konsequenzen darauf hinausläuft, dem Menschen eine ganz besondere Verantwortung für die Schöpfung zu übertragen: Der Mensch ist sterblicher Treuhänder einer unsterblichen Sache (ZNE 59), nämlich eines „göttlichen Abenteuers auf Erden" (ZNE 62). Seinem Handeln wohnt somit eine ganz bestimmt geartete Verantwortung inne: „In unseren unsicheren Händen halten wir buchstäblich die Zukunft des göttlichen Abenteuers auf Erden, und wir dürfen ihn nicht im Stiche lassen, wenn wir uns im Stiche lassen wollten" (ZNE 62).

Im engeren Sinn ist die „ethische Lehre" in Jonas' Werk gegen Ende der 1960er Jahre anzusiedeln[1]. 1979 erscheint das *opus magnum, Das Prinzip Verantwortung*[2]. In diesem Werk, von dem Hannah Arendt gesagt hat: „Soviel steht fest für mich, das ist das Buch, das der Herrgott mit dir im Sinn gehabt hat" (E 324), entwickelt Jonas in systematischer Weise – unter Heranziehen früherer Veröffentlichungen – das, was er im Untertitel des Werks als *Versuch einer Ethik für die technologische Zivilisation* bezeichnet.

Das Prinzip Verantwortung ist als eine allgemeine Grundlegung der intendierten Ethik zu verstehen; das Komplement dazu ist ein *angewandter* Teil, den Jonas in

---

[1]Siehe die Aufsätze in *Technik, Medizin und Ethik*, Frankfurt 1987.

[2]Nach Auskunft von Lore Jonas erachtete Jonas interessanterweise *Das Prinzip Leben* als eine wichtigere Arbeit als *Das Prinzip Verantwortung* (siehe *Erinnerungen an Hans Jonas*, in: *Orientierung und Verantwortung. Begegnungen und Auseinandersetzungen mit Hans Jonas* hg. von D. Böhler und J.P. Brune, Würzburg 2004, S. 514).

© Springer Fachmedien Wiesbaden GmbH, ein Teil von Springer Nature 2019
R. Theis, *Hans Jonas*, essentials,
https://doi.org/10.1007/978-3-658-22925-2_5

dem aus Aufsätzen (auch früherer Jahre) bestehenden Band *Technik, Medizin und Ethik. Zur Praxis des Prinzips Verantwortung* im Jahre 1987 folgen lässt. Die Idee einer Ethik der Verantwortung ist keine Erfindung von Hans Jonas. Man denke etwa an Max Webers Unterscheidung zwischen Gesinnungs- und Verantwortungsethik: „Wir müssen uns klar machen, daß alles ethisch orientierte Handeln unter *zwei* voneinander grundverschiedenen, unaustragbar gegensätzlichen Maximen stehen kann; es kann ‚gesinnungsethisch' oder ‚verantwortungsethisch' orientiert sein"[3]. Näher zu uns wäre Emmanuel Levinas zu erwähnen, der bereits Anfang der 1950er Jahre die These vertreten hat, die Ethik sei die Erste Philosophie, in deren Zentrum die Verantwortung für den Anderen steht, die aus dem Anruf aus dessen Antlitz entsteht[4]. Walter Schulz hat in seiner 1972 erschienenen monumentalen *Philosophie in der veränderten Welt* den letzten, von der Ethik handelnden Teil unter den Titel „Verantwortung" gestellt, der er eine zentrale Bedeutung für eine zeitgemäße Ethik beimisst[5].

Wenngleich bei Jonas bestimmte Analysen mit denen der eben genannten Autoren übereinstimmen, bleibt unübersehbar, dass die Problematik der Verantwortung in *Das Prinzip Verantwortung* in einer singulären Weise neu entwickelt wird.

Der Erfolg des Werks bzw. genauer bestimmter dort behandelter Thesen erklärt sich teilweise vom Zeitpunkt des Erscheinens her. Jonas' These von der Notwendigkeit einer Ethik, die die ferne Zukunft, nicht des Einzelnen bzw. kleiner Gruppen, sondern der Menschheit, konstitutiv einbezieht, hat weite Resonanz gefunden, nicht zuletzt auch deshalb, weil sie auf einen öffentlichen Diskurs einer „ökozentrierten Ethik" stieß, der in verschiedenen Formen die Einheit von Mensch und Natur und die sich daraus ergebenden ethischen Konsequenzen zu ihren zentralen Fragestellungen machte[6]. Freilich hat diese Aktualität auch dazu geführt, dass manche Thesen des Verfassers aus der Gesamtargumentation selektiv herausgelöst

---

[3]Max Weber, *Politik als Beruf* (1919), Berlin [7]1982, S. 57.
[4]Siehe Emmanuel Levinas, *L'ontologie est-elle fondamentale?* (1951), in: *Entre nous. Essais sur le penser-à-l'autre,* Paris 1991, S. 13 ff.
[5]Siehe Walter Schulz, *Philosophie in der veränderten Welt,* Pfullingen 1972, S. 629 ff.
[6]Carolyn Merchant weist darauf hin, dass in den Vereinigten Staaten der Ökologe Aldo Leopold im Schlusskapitel seines 1949 erschienenen Buches *A Sand County Almanac* bereits eine ökozentrische Ethik „Bodenethik" formuliert hat (siehe *Entwurf einer ökologischen Ethik,* in: *Geist und Natur,* hg. von H-P. Duerr und W. Ch. Zimmerli, Bern/München/Wien 1991, S. 135–144, hier: S. 139 f.).

wurden, sodass speziell der ontologisch-metaphysische Unterbau dieser neuen Ethik aus dem Blick geriet.
In den *Erinnerungen* bemerkt Jonas hellsichtig:

> Die enorme Wirkung von *Das Prinzip Verantwortung* hängt […], wenn ich es richtig einschätze, nicht mit seiner philosophischen Grundlegung zusammen, sondern verdankt sich dem allgemeinen Gefühl […], daß mit unserer Menschheit etwas schiefgehen könnte, daß sie sogar eventuell drauf und dran ist, in diesem übermäßig werdenden Wachstum technischer Eingriffe in die Natur ihre eigene Existenz aufs Spiel zu setzen […]. Mir scheint, diese erwachende und höchst berechtigte Furcht vor den Bedrohlichkeiten der Zeit hat meinem Buch zu einem solchen Erfolg verholfen, während ich die Wirkung der Seinsphilosophie bezweifle (E 326).

5.1 Die Ausgangsfragestellung und ihr Kontext

Das Prinzip Verantwortung hebt mit einem Paukenschlag an: „Der endgültig entfesselte Prometheus, dem die Wissenschaft nie gekannte Kräfte und die Wirtschaft den rastlosen Antrieb gibt, ruft nach einer Ethik, die durch freiwillige Zügel seine Macht davor zurückhält, dem Menschen zum Unheil zu werden" (PV 7). Der Prometheus trägt den Namen ‚Technik'. Nach Jonas ist die moderne Technik seit dem Ende des 18. Jahrhunderts, im Gegensatz zu ihren vormodernen Formen, durch ihre *dynamischen* und *kollektiven* Aspekte gekennzeichnet (TME 15 ff.).

Sie ist *dynamisch* in dem Maße wie ihr die Idee des Fortschritts inhärent ist, ein Fortschritt, der methodisch durch Forschung und Experiment vorangetrieben wird. Grundlegender hierbei ist aber ein anderer Gesichtspunkt, nämlich der, dass die Dinge selber „dem Entdecken und Erfinden keine Grenze setzen" (TME 25), der Fortschritt also virtuell unendlich ist. Die Gründe, die diese Dynamik erklären, sind vielfältig: Wettbewerb, Bevölkerungszunahme, die „quasi-utopische Version eines immer ‚besseren Lebens'" (TME 22), aber auch politische, nämlich die Ausübung von Herrschaft und Kontrolle. Sie ist *kollektiv,* weil sich jede technische Neuerung „schnell durch die technologische Ökumene" (TME 19) verbreitet – wobei die Kommunikationsmittel selber auch bereits eine Frucht der Technik bilden.

Die moderne Technik ist Ausdruck einer ungeheuren und einzigartigen Macht des Menschen. Aus diesem Grunde auch birgt sie bedenkliche Aspekte in sich, die ihrem Erfolg geschuldet sind: Ihre kumulativen Wirkungen erstrecken sich über die ganze Welt und auch auf zukünftige Generationen.

Die Problematik des technischen Fortschritts sowie die Kritik an der Technik ist ein wiederkehrendes Thema in der neueren Philosophie. Erinnert sei diesbezüglich an Günther Anders sowie an Martin Heidegger. Im Fokus von Anders' Werk *Die Antiquiertheit des Menschen* steht die „Zerstörung der Humanität und die mögliche physische Selbstauslösung der Menschheit", die im Angesicht dessen, was der Verfasser das Zeitalter der dritten industriellen Revolution nennt (so der Untertitel des 2. Bandes von *Die Antiquiertheit des Menschen,* München 1980), d. h. im Zeitalter der Atombombe: Die Menschheit ist mit deren Existenz zum ersten Mal imstande, „ihren eigenen Untergang zu produzieren"[7].

Für Heidegger steht die denkerische Auseinandersetzung mit der Technik in einem ausdrücklichen *seinsgeschichtlichen* Zusammenhang. Nach dem *Wesen* der Technik wird hier gefragt: Die neuzeitliche Wissenschaft vergegenständlicht das Seiende derart, dass „der rechnende Mensch des Seienden sicher und d. h. gewiß sein kann"[8]. Die Technik ihrerseits ist Mittel in diesem Vorgang der Vergegenständlichung, aber auch – und für Heidegger entscheidender – eine „Weise des Entbergens", das heißt der Wahrheit[9]. Sie ist die letzte Gestalt der Geschichte der Seinsvergessenheit.

Im Gegensatz zu Heidegger steht Jonas' Auseinandersetzung mit der Technik in einem dezidiert *ethischen* Kontext. Zwar gesteht er Heidegger zu, dass es „einer neuen Ethik für das technologische Zeitalter [bedarf], die sich den Herausforderungen der Zeit stellt" (E 323), dass aber sein Versuch, das Problem in den Griff zu bekommen, gescheitert ist. Worum es zu tun ist, ist „dem Menschen in der verbleibenden Zweideutigkeit seiner Freiheit, die keine Änderung der Umstände je aufheben kann, die Unversehrtheit seiner Welt und seines Wesens gegen die Übergriffe seiner Macht zu bewahren" (PV 9).

In *Das Prinzip Verantwortung* lesen wir, dass die Versprechen der modernen Technik sich in eine *Bedrohung* für die Menschheit verwandelt haben. Daraus folgt die Notwendigkeit einer neuen Ethik, die die unumkehrbaren Fernwirkungen der modernen Technologie mit in Betracht zieht. Ein derartiger Sachverhalt ist in der bisherigen Geschichte der Menschheit einmalig. Damit einher geht eine anthropologische (und, wie sich zeigen wird, eine theologische) These, nämlich die, dass es nicht nur um das Schicksal der Menschheit geht, sondern viel fundamentaler um das *Menschenbild.* Die Ethik hat nicht nur die Frage des physischen Überlebens zu bedenken, sondern auch die Unversehrtheit des

---

[7]Günther Anders, *Die Antiquiertheit des Menschen,* Bd. 2, München 1980, § 4, S. 19.

[8]Siehe Martin Heidegger, *Die Zeit des Weltbildes,* in: *Holzwege,* Frankfurt 1950, S. 80.

[9]Siehe Martin Heidegger, *Die Frage nach der Technik,* in: *Vorträge und Aufsätze* I, Pfullingen [3]1967, S. 12.

menschlichen Wesens (PV 8). Aus diesem Grund muss die Ethik auf die *Metaphysik* zurückgreifen, in der „allein sich die Frage stellen läßt, warum überhaupt Menschen in der Welt sein sollen, warum also der unbedingte Imperativ gilt, ihre Existenz für die Zukunft zu sichern" (PV 8).

In dieser Fokussierung auf eine metaphysische Begründung besteht die Singularität von Jonas' Ethik. Gleichzeitig liegt aber auch hier ihre problematischste Seite. Der Haupteinwand – dies sei vorgreifend bemerkt – ist der der sogenannten „naturalistic fallacy", also des Fehlschlusses, der darin besteht, aus dem Sein ein Sollen abzuleiten. Doch bevor wir auf diesen Punkt eingehen, soll die Notwendigkeit einer neuen Ethik *qua* Verantwortungsethik in ihren einzelnen Schritten rekonstruiert werden.

Den Ausgang bildet die These, dass „mit gewissen Entwicklungen unserer Macht sich das Wesen des menschlichen Handelns geändert hat" (PV 15). Bis in die jüngste Vergangenheit war der Eingriff des Menschen in die Natur (der Ausdruck ist bei Jonas im Sinn der terrestrischen Natur inklusive unseres eigenen physischen Seins zu verstehen) angesichts der zur Verfügung stehenden technischen Mittel begrenzt und oberflächlich, und stellte demnach keine ernsthafte Bedrohung des natürlichen Gleichgewichts und der Stabilität der Natur dar. Demnach auch war die ethische Beziehung zur Natur sozusagen „neutral"; die Natur wurde nicht als Gegenstand einer spezifischen Verantwortung angesehen. Die traditionelle Ethik war auf den engen Kreis der Handlungen und der zwischenmenschlichen Beziehungen eingeschränkt – sie war *anthropozentrisch,* gekennzeichnet durch das Fehlen jedweder Dynamik. „Ethik hatte es […] mit dem Hier und Jetzt zu tun, mit Gelegenheiten, wie sie zwischen Menschen sich einstellen, mit den wiederkehrenden typischen Situationen des privaten und öffentlichen Lebens" (PV 23). Keine Ethik der Vergangenheit hatte „die globale Bedingung menschlichen Lebens und die ferne Zukunft, ja Existenz der Gattung zu berücksichtigen" (PV 28). War in der Vergangenheit die Anwesenheit des Menschen eine Urgegebenheit, „von der jede Idee der Verpflichtung im menschlichen Verhalten ihren Ausgang nahm" (PV 34), so ist sie jetzt „ein Gegenstand der Verpflichtung" (PV 34) geworden.

Diesem ersten Argument fügt Jonas ein weiteres hinzu. Die Technik beziehungsweise das menschliche Handeln betrifft nicht allein die außermenschliche Wirklichkeit, sondern auch gewisse Aspekte des Menschlichen selbst und dies bis in seine substanzielle Konstitution hinein. Diesen Aspekt hat Jonas in mehreren Aufsätzen zu den Themen „Humanexperimente" und „Klonieren von Menschen" behandelt. So etwa lesen wir:

> Bisher hatte es die Technik mit leblosen Stoffen zu tun […]. Der Mensch war Sub-
> jekt, die ,Natur' das Objekt technischer Meisterung […] Die Ankunft biologischer
> Technik, die sich umplanend auf die ,Pläne' von Lebensarten erstreckt, darunter im
> Prinzip auch auf den Plan der Menschenart, bezeichnet eine radikale Abweichung
> von dieser klaren Scheidung, ja einen Bruch von potenziell metaphysischer
> Bedeutung: der Mensch kann direktes Objekt seiner eigenen Baukunst sein, und
> zwar in seiner erblich physischen Konstitution (TME 164).

Die Möglichkeiten der neuen Technologien, die dem Menschen zur Verfügung
stehen, erweitern die ethische Problematik aber noch um eine weitere Seite, insofern sie auch ein mögliches *Interesse der Natur selber* betreffen. Mit anderen
Worten es ist nach Jonas nicht undenkbar, dass der Mensch gegenüber der Natur
(sprich der Biosphäre) auch *Pflichten* habe. Es ist möglich, dass die Natur „so
etwas wie einen moralischen Anspruch an uns hat" (PV 29) – dies unabhängig
von jeglichem Interesse, das der *Mensch* an ihr haben könnte.

Ein solches sittliches Eigenrecht der Natur würde die ethische Fragestellung auf
ein neues Terrain stellen: vom Anthropozentrischen würde sie „kosmozentrisch".
Erweitert man die Ethik bis hin zur Natur, beinhaltet dies eine metaphysische
Option, die darin besteht, der Natur einen eigenen *Wert* zuzugestehen. Eine derartige
Option indes steht in ausdrücklichem Gegensatz zur modernen Wissenschaft, die
jegliche sogenannte axiologische Betrachtungsweise ausklammert.

Letztlich beinhaltet Jonas' diesbezüglicher Ansatz eine antignostische Pointe:
Im gnostischen Denken wird die Welt, wie gesehen, ontologisch entwertet; der
Mensch in ihr ist ein Fremder. Gegen diesen anthropologischen Akosmismus, ja
Antikosmismus, kämpft Jonas in seiner Philosophie der Biologie. Die Öffnung
der Ethik hin zur Natur, der ein Eigenwert zugesprochen wird, liegt in der Konsequenz dieser anthropologischen Reflexion. So ergeben sich zwei Fragerichtungen
hinsichtlich des Themas der Verantwortung:

- einerseits eine, die sich an der Problematik der Zukunft der Menschheit orientiert und einen neuen Imperativ erforderlich macht, den Jonas folgendermaßen
  formuliert: „Handle so, daß die Wirkungen deiner Handlung verträglich sind
  mit der Permanenz echten Lebens auf Erden" (PV 36). Von diesem Imperativ
  schlägt er zwei weitere Versionen vor: „Handle so, daß die Wirkungen deiner
  Handlung nicht zerstörerisch sind für die künftige Möglichkeit solchen Lebens"
  (PV 36), und: „Gefährde nicht die Bedingungen für den indefiniten Fortbestand
  der Menschheit auf Erden" (PV 36); positiv: „Schließe in deine gegenwärtige
  Wahl die zukünftige Integrität der Menschen als Mit-Gegenstand deines Wollens
  ein" (PV 36);

- andererseits eine solche, die sich dem sittlichen Eigenrecht der Natur zuwendet und begründungslogisch zunächst ohne direkten Bezug auf die Zukunft der Menschheit erfolgt (auch wenn dieses Eigenrecht nur dann einen Sinn ergibt, wenn es Subjekte gibt, denen daraus Verpflichtungen entstehen).

5.2   Die Problematik der Verantwortung

5.2.1   Die Begründung des Zukunftsimperativs

Wie lässt sich ein Imperativ begründen, der Verpflichtungen gegenüber zukünftigen Generationen zum Inhalt hat? Jonas schreibt: „[…] warum eine Verpflichtung gegenüber dem haben, was noch garnicht ist und ‚an sich' auch nicht zu sein braucht, jedenfalls als nicht existent keinen *Anspruch* auf Existenz hat, ist theoretisch garnicht leicht und vielleicht ohne Religion überhaupt nicht zu begründen" (PV 36; PV 94). Der Verfasser ist der Auffassung, dass sich die Begründung eines Sollens für ein bestimmtes Sein (PV 95) nur mit Rückgriff auf die Metaphysik, also bis hin zu der Frage nach dem Sinn des Seins von „Etwas überhaupt" herleiten lässt.

Mit ausdrücklichem Hinweis auf Leibniz' Grundfrage der Metaphysik: Warum ist überhaupt etwas und nicht vielmehr nichts?[10] formuliert Jonas diese Frage um in die Frage, „ob überhaupt etwas – anstatt nichts – sein soll" (PV 96). Mit dieser Frage, so seine Auffassung – geht man über die Frage nach einer Ursache, dessen was ist, hinaus, indem man überhaupt erst den Grund für eine solche Frage deutlich macht (ob überhaupt etwas sein *soll* anstatt nichts), und zielt auf die „rechtfertigende Norm" (PV 99), warum etwas sein *soll*. Fragt man so nach dem *Sollen,* so begibt man sich in den Bereich des Axiologischen: Von einer Sache sagen, dass sie sein *soll* heißt nämlich von ihr behaupten, dass sie einen *Wert* hat. Damit aber ist nun die Forderung nach einer allgemeinen Theorie des Wertes, einer „Theorie von Wert überhaupt" (PV 102) gestellt, „von dessen Objektivität allein ein objektives Seinsollen und damit eine *Verbindlichkeit* zur Seinswahrung, eine Verantwortung gegen das Sein, abzuleiten wären" (PV 102).

Eine erste wichtige Unterscheidung in diesem Zusammenhang ist die zwischen *Wert* und *Zweck.* Die Qualifizierung einer Sache aufgrund ihres Zwecks ist zunächst deskriptiver Natur: „Ein Zweck ist das, um dessentwillen eine Sache existiert und zu dessen Herbeiführung oder Erhaltung ein Vorgang stattfindet

---

[10]Gottfried Wilhelm Leibniz, *Principes de la nature et de la grâce,* § 7.

oder eine Handlung unternommen wird" (PV 105). Spricht man hingegen vom *Wert* einer Sache, dann bezieht sich ein solches Urteil auf die Tauglichkeit der betreffenden Sache zur Erreichung eines Zwecks. Wichtig ist zu sehen, dass die Werturteile *nicht* auf Entscheidungen des urteilenden Subjekts, sondern dass sie „vom Sein der betreffenden Dinge selbst abgeleitet" (PV 106) sind. Dies hinwiederum bedeutet, dass da, wo wir Zwecke in den Dingen selbst wahrnehmen, wir auch relative spezifische Werte (gut, tauglich, schlecht, untauglich) ausmachen können.

Jonas' Argumentation läuft darauf hinaus, aufzuweisen, „daß die Natur Werte hegt, da sie Zwecke hegt, und daher alles andere als wertfrei ist" (PV 150). Um diesen Erweis zu erbringen, beginnt unser Autor mit der Analyse künstlich vom Menschen hergestellter Gegenstände: So etwa ist ein Hammer dazu da, um mit ihm hämmern zu können; eine Uhr ist dazu da, um die Zeit messen zu können. Zu diesen Zwecken sind diese Gegenstände hergestellt worden. Diese Zwecke gehören zum Begriff selber dieser Dinge; sie sind insofern Bestimmung ihres jeweiligen Wesens. Dennoch muss gesehen werden, dass bei derartigen künstlichen Gegenständen, der jeweilige Zweck seinen Sitz nicht im Ding hat im Sinn eines aktiven Prinzips. Der Sitz des Zwecks liegt im Hersteller oder im Benutzer.

Was hiermit gemeint ist, wird klarer, wenn man sich einem zweiten Typus künstlicher Gegenstände zuwendet, etwa dem Gerichtshof. So wie bei den vorigen Beispielen hat auch er seinen Grund in einer Finalität, die ihm durch andere zukommt. Der Begriff des Rechts bzw. der Gerechtigkeit liegt der Existenz des Gerichtshofs zugrunde. Aber im Gegensatz zu Hammer und Uhr muss der Begriff auch *in ihn* eingegangen sein, damit er sein kann, wozu er eingesetzt worden ist: Die Immanenz des Zwecks besteht hier darin, dass die agierenden Teile selber von dem Zweck beseelt sind.

Wie stellt sich die Frage der Zweckhaftigkeit hinsichtlich *natürlicher Dinge* bzw. *Funktionen*? Hier unterscheidet Jonas zwischen willkürlichen und unwillkürlichen Funktionen. Für erstere nimmt er das Beispiel des *Gehens*. Dessen körperliche Grundlage sind die Beine, aber das Gehen beinhaltet auch einen intentionalen Aspekt, insofern die Beine zu bestimmten Zwecken, die vom Subjekt festgelegt werden, benutzt werden. Die körperlichen Organe – hier die Beine – sind Werkzeugen vergleichbar: Ich gebrauche meine Beine, *um* spazieren *zu* gehen, *um zu* fliehen, *um* Freunde *zu* besuchen … Verschiedene Zwecke oder Ziele können dabei serienmäßig konstituiert sein: Ich benutze meine Beine, um nach X zu gehen; ich begebe mich nach X, um Freund A zu besuchen… Verschiedene körperliche Bewegungen zeugen somit von einer realen willkürlichen Bestimmung, der ihrerseits „eine wirkliche Zweckstruktur im subjektiven Sinne" (PV 119) zugrunde liegt und damit verbunden eine „kausale

Macht subjektiver Zwecke" (PV 127), die nicht als einfache Epiphänomene
eines metaphysischen Dualismus abgetan werden können.
Wie sind nun Handlungsketten zu deuten, die Analogien zu einem zweck-
gerichteten und bewussten Handeln aufweisen, ohne dass sie auf ein denken-
des Subjekt zurückgreifen? Jonas behandelt diese Frage anhand verschiedener
Sequenzen tierischen Handelns. So etwa lauert die Katze der Maus auf, *um* auf sie
zu springen, *um* sie *zu* töten, *um* ihren Hunger *zu* stillen. Wie ist eine derartige auf
den ersten Blick zweckgerichtete (isolierte und kumulative) Sequenz zu lesen?
Einleuchtend ist – und dies ist noch stärker der Fall, wenn man ‚primitivere' Ver-
haltensweisen in Betracht zieht –, dass hier keine antizipierende Vorstellung oder
ein bewusstes Wollen der zu erreichenden Endzwecke vorliegt, aber ‚subjektiv'
existiert ein Gefühl, das man als psychisches Äquivalent eines Mangels auf der
Ebene des Stoffwechsels ansehen kann, das zu Verhaltensformen antreibt, deren
Schemata im Organismus angelegt sind und die sich in biologischen sowie in
physikalischen Begriffen beschreiben lassen[11].

Wenn aber dies und nicht das (zum bloßen Symptom herabgesetzte) Gefühl die
eigentliche Ursache des Verhaltens ist, dann muß der ‚Zweck', wenn er überhaupt
noch eine wirksame und nicht bloß dekorative Rolle spielen soll, seinen Sitz schon
in eben *dieser* Kausalität und nicht erst in der Spiegelung des Gefühls haben – und
wäre damit vom psychischen Bereich überhaupt abgelöst (PV 122).

Das Beispiel des tierischen Handelns führt nach Jonas zu der Frage, ob es in
der physischen Welt eine objektive Zweckmäßigkeit gebe. Wie beantwortet
Jonas diese „ontologische Kapitalfrage" (PV 122), von der die Begründung von
Werten abhängt? Die Natur ist *eine,* so seine Ausgangsfeststellung, und es gibt
Kontinuität auf der Ebene der Evolution vom Einfachen zu höher entwickelten
Formen. Aus diesem Grund lässt sich nun, in umgekehrter Richtung, auch von
dem höchsten Produkt der Evolution, nämlich der menschlichen Subjektivität als
einer „Oberflächenerscheinung der Natur", die „wirkmächtigen Zweck zeigt",
zurückgehen in das „stumme Innere" der Natur, das „in nicht subjektiver Form
schon Zweck, oder ein Analogon davon" (PV 139) ist[12].

---

[11]Der amerikanische Biologe E. Mayr spricht diesbezüglich von „coded or prearranged
information that controls a process (or behavior) leading it towards a given end" (*Teleo-
logical an Teleonomic: A New Analysis,* in: *Boston Studies in the Philosophy of Science,* 14
(1974), S. 102).
[12]In diesem Zusammenhang wäre das Gespräch mit Kants These von der sog. formalen
Zweckmäßigkeit oder Zweckmäßigkeit ohne Zweck aufzunehmen (vgl. *Kritik der Urteils-
kraft,* § 62).

Jonas ist nicht an der Frage interessiert, *wie* Zwecke in der Natur „handeln"; es geht ihm nicht darum, den wissenschaftlichen Diskurs und die diesem zugrunde liegenden Kategorien eines wie auch immer verstandenen Determinismus zu entwerten. Was er vielmehr bekämpft ist eine integrale Erklärung der Natur durch die Wissenschaft.

Sein Plädoyer zugunsten einer objektiven Zweckmäßigkeit in der Welt (Natur) schreibt sich nahtlos ein in den Entwurf seiner Philosophie des Lebens. Deren Grundthese besteht, wie wir gesehen haben, darin, zu behaupten, das Erscheinen des Lebens und an dessen höchstem Punkt das des Menschen als mit Bewusstsein und Freiheit ausgestattet, sei ein Zeichen dafür, dass die *Entwicklung* nicht blind sei und dass es von Anfang an eine Tendenz hin zu diesem Endpunkt gebe. Freilich bleibt die Frage, ob man von besagtem Rückgang hin zu den elementarsten Strukturen nicht bei etwas ankommt, das völlig subjektlos, ohne Zweck und Ziel ist. Darauf antwortet Jonas: „Nicht notwendig. Im Gegenteil: in umgekehrter aufsteigender Richtung ließe sich gar nicht begreifen, daß das subjekthafte Streben in seiner Partikularisierung völlig unstrebend emporgetaucht sei. Etwas schon von seiner Art muß es aus dem Dunkel in die größere Helle emporgetragen haben" (PV 141). Hier trifft der Autor dann auf seine Philosophie des Lebens. Wir sagen, „daß Zweck überhaupt in der Natur beheimatet ist. Und noch etwas mehr und inhaltliches können wir sagen: daß mit der Hervorbringung des Lebens die Natur wenigstens *einen* bestimmten Zweck kundgibt, eben das Leben selbst" (PV 142 f.).

Jonas präzisiert nicht, wo genau diese Tendenz verankert ist. In *Das Prinzip Verantwortung* gesteht er die Möglichkeit des reinen Zufalls im ersten Anfang zu, also das einfache Zusammentreffen von organischen Molekülen. In *Materie, Geist und Schöpfung* behauptet er, die *Materie* sei „Subjektivität von Anfang an in der Latenz" (PU 221), eine Formulierung, die zu beinhalten scheint, dass es von Anfang an im Stoff selber, und zwar unabhängig von später erfolgten molekularen Verbindungen, dies Tendenz gebe.

Hier zeigt sich ein Schwanken, das im Übrigen nicht nur terminologischer Natur ist. Es ist *eine* Sache, zu behaupten, dass das Organische, welches auch immer der Grad seiner sogenannten Innerlichkeit sein mag, Zwecke verfolgt; eine *andere* ist es, zu sagen, die Materie entbehre einer solchen Tendenz nicht. In der Tat, ist Materie nicht bloßes Ineinander fallen mit sich selbst, eben *ohne* jegliche Tendenz? In diesem Zusammenhang von Zweck reden (selbst in der Weise von Latenz o. ä.) ergibt keinen Sinn.

Wie dem auch sei, die Pointe von Jonas' These besteht in einer starken Version der Zweckmäßigkeit, d. h. einer ontologischen, und besagt, dass es eine solche nicht einfach in der Natur gibt, sondern zum Wesen des Seienden überhaupt gehört.

Wie nun ist der Übergang von objektiver Zweckmäßigkeit zu objektivem *Wert* (beide sind ja zunächst nicht miteinander zu verwechseln) zu denken? Die Ausgangsfrage diesbezüglich lautet: „Kann die Natur Zwecke, dadurch daß sie sie hat, legitimieren?" (PV 146). Dahinter steckt eine andere – zentrale – Frage, nämlich die, „ob Sein überhaupt ein Sollen begründen kann" (PV 146). Mit dieser Frage und der, wie weiter zu zeigen sein wird, positiven Antwort darauf, berührt Jonas einen Punkt, der auf Kritik stößt. Es ist der von G.E. Moore in dessen *Principia Ethica* (1903) formulierte Einwand des sog. „naturalistischen Fehlschlusses" *(naturalistic fallacy),* also jenes Schlusses, der das „Sollen" vom „Sein" herleitet und der auf der These fußt, das Gute sei eine bestimmte Eigenschaft der Dinge selbst[13].

Einigermaßen unvermittelt argumentiert Jonas, dass es aufgrund der objektiven Zweckmäßigkeit in der Natur so etwas wie eine „'Subjektivität' der Natur" (PV 147) gibt, die unabhängig von der Subjektivität privater Wünsche und Vorstellungen, „alle Vorteile des Ganzen vor den Teilen, des Dauernden vor dem Flüchtigen, des Gewaltigen vor dem Winzigen hat" (PV 147). Dies führt dann zu folgender These: „Daß die Welt Werte hat, folgt [...] direkt daraus, daß sie Zwecke hat" (PV 148).

Allerdings ist von dieser axiologischen These ein weiterer Schritt nötig hin zu der Behauptung einer aus dieser Werthaftigkeit der Welt folgenden *sittlichen Verpflichtung,* also eines *Sollens.* Zu diesem Zweck braucht es einen Mittelbegriff; dies ist der Begriff des *Guten.*

Es ist demnach die Beziehung zwischen „Gut" und „Sein" zu klären, genauer: die Gründung des Guten im Sein, womit die Verbindlichkeit von Werten aufgezeigt werden kann[14]. Dass „Zwecke unterhalten" auch „Werte setzen" bedeutet, heißt, dass das jeweilige Erreichen ein Gut und die Vereitelung ein Übel ist. Mit diesem Unterschied „beginnt die Zusprechbarkeit von Wert" (PV 153).

Die entscheidende Frage indes ist die, inwiefern dieser als ‚Gut' bezeichnete Zweck auch als Gut-an-sich angesehen werden kann, also der Beurteilung durch

---

[13]Vor Moore hatte bereits David Hume (1711–1776) darauf hingewiesen, dass man nicht von der Beschreibung einer Entität auf normative Aussagen (Gebote) schliessen kann; dazu bedürfe es zusätzlicher Annahmen.

[14]Jonas' Formulierungen sind in diesem zentralen Punkt nicht eindeutig: Einerseits heisst es, der Begriff des Guten sei nicht identisch mit dem des Wertes (PV 149); andererseits wird ‚Gut' und ‚Wert' auch wieder identisch gesetzt: „Das Gute, *oder* den Wert, im Sein gründen heißt die angebliche Kluft von Sein und Sollen überbrücken" (PV 153), bzw. „An-sich-sein des Guten oder Wertes heisst also, zum Bestand des Seins zu gehören" (ebd.).

ein Subjekt *vorausliegt*. Jonas' Argumentation bleibt diesbezüglich unscharf. Es wird behauptet, die Fähigkeit, überhaupt Zwecke zu haben, könne als ein Gut-an-sich angesehen werden, „von dem intuitiv gewiß ist, daß es aller Zwecklosigkeit des Seins unendlich überlegen ist" (PV 154). Der Verfasser fügt freilich hier hinzu, er sei sich nicht sicher, ob es sich hier um einen analytischen oder synthetischen Satz handle. Diese Überlegenheit wird nun zum ontologischen Axiom erhoben (PV 155). Jonas fühlt sich allerdings bezüglich dieses Punktes genötigt, in einer Fußnote zu kommentieren:

> Dies hat etwas von einem argumentum ad hominem an sich, insofern es eine spontane Vorliebe für eine von zwei logisch möglichen Alternativen ausnutzt, verhilft aber damit vielleicht eben der Sache zu ihrem Recht, die auf den eigenwilligen Wegen, die das theoretische Denken im langen Alleinsein mit sich selbst eingeschlagen hat, nicht mehr richtig zu Worte kommt (PV 397).

Die Folgerung, die Jonas aus dieser These zieht, ist die, dass aus diesem Gut-sein ein Sollen, also eine *Verpflichtung* folgt. Allerdings gilt es zu unterscheiden zwischen der Objektivität der Verpflichtung und der subjektiven Grundlage derselben. Als Gut-an-sich fordert das Sein, gewollt zu werden, Zweck eines Willens zu werden: „Nicht die Pflicht selbst ist der Gegenstand; nicht das Sittengesetz motiviert das sittliche Handeln, sondern der Appell des möglichen An-sich-Guten in der Welt, das meinem Willen gegenübersteht und Gehör verlangt" (PV 162)[15]. Dieses also bildet den Inhalt des zunächst formal leeren Sittengesetzes, das sagt: Tue das Gute!

Was die *subjektive* Grundlage der Verpflichtung betrifft, so besteht sie in einem mit Bewusstsein und freiem Willen ausgestatteten Subjekt. Jonas unterscheidet zwischen der Gültigkeit der Norm einerseits, ihrer Wirksamkeit, die von einer subjektiven Bedingung abhängt, andererseits. Er behauptet, dass Vernunft allein hier nicht ausreicht, sondern das Gefühl hinzukommen muss, „damit das objektiv Gute eine Gewalt über unsern Willen gewinne" (PV 165). Dieses Gefühl nun ist das der *Verantwortung*, von der es heißt, dass es mehr als anderes in uns den Antrieb erzeugt, *tätig* zu werden, das heißt „Anspruch des Objekts [...] durch unser Tun zu unterstützen" (PV 170). Dies darf indes nicht dahin gehend verstanden werden, als gründe die Ethik in einem Gefühl. Sie gründet im Sein, übersetzt sich jedoch in ein Handeln unter dem Impuls des Gefühls der Verantwortung.

---

[15]Eine solche Sicht der Dinge steht in radikalem Gegensatz zum Kantischen Verständnis der Willensbestimmung (siehe *Grundlegung zur Metaphysik der Sitten*; *Kritik der praktischen Vernunft*).

5.2.2 Zur Phänomenologie der Verantwortung

Der Begriff der Verantwortung ist vieldeutig; auf einer ersten Stufe beinhaltet er einen juridischen und einen moralischen Aspekt. Ersterer bezieht sich auf tatsächlich begangene Handlungen oder auf solche, bei denen ein Anfangsmoment gegeben ist (z. B. die Vorbereitung eines Anschlags). Bei den tatsächlich erfolgten Handlungen ist weiterhin zu unterscheiden zwischen solchen, die einem Täter unmittelbar zugerechnet werden können und solchen, wo dies nur indirekt der Fall ist. Auch wenn man in diesem letzteren Fall von Verantwortung spricht – als der Bedingung der Zurechenbarkeit –, so ist doch das *Gefühl* der Verantwortung hier sekundär. Die moralische Seite der Verantwortung ist eine solche, die das *zu Tuende* betrifft. Man muss diesbezüglich unterscheiden einerseits zwischen dem, wofür man verantwortlich ist und was zur Verantwortung auffordert, andererseits der Macht, über die man verfügt, dieser seiner Verantwortung gerecht zu werden.

Nach Jonas stammt das, was zur Verantwortung aufruft, vom Gegenstand selber her. Das „Recht auf Existenz" bzw. das „Sein-Sollen" des Gegenstandes ist dasjenige, woraus sich das „Tun-Sollen" aufseiten des Subjekts herleitet. Die Verantwortung kennzeichnet sich demnach durch ihre Asymmetrie bzw. Nichtreziprozität.

Nach Jonas ist das „zeitlose Urbild aller Verantwortung" (PV 234) die elterliche gegenüber ihrem/ihren Kind/ern. Sie stammt nicht aus einer Übereinkunft, sondern von der Gegenwart des Kindes. Sie ist unwiderrufbar und ganzheitlich. Im Fall des Neugeborenen drängt sich die Evidenz eines immanenten Rechts auf, und demnach auch eine Pflicht ihm gegenüber. Jonas erblickt hierin die beste Widerlegung des naturalistischen Fehlschlusses: „[…] das Neugeborene, dessen bloßes Atmen unwidersprechlich ein Soll an die Umwelt richtet, nämlich, sich seiner anzunehmen" (PV 235).

Jonas geht sogar noch einen Schritt weiter, indem er zwei konzentrische Kreise zeichnet: zunächst den der Erzeuger. Das Neugeborene ist ein Wesen, das deren Kausalität das Leben verdankt. Solange es nicht existierte, hatte es auch kein Recht auf Dasein; von dem Augenblick an, wo es existiert, wird es *Zweck an sich*. Seine Zerbrechlichkeit und sein Unvermögen erlauben es ihm nicht, sich selber im Sein zu erhalten bzw. sein zukünftiges Sein zu sichern. Nun aber impliziert der Zeugungsakt selber bereits für die Erzeuger (im Prinzip) das Versprechen, dafür Sorge zu tragen, dass das Neugeborene nicht wieder ins Nichts zurückfällt bzw. dass es seine Potenzialitäten verwirklichen kann. Neben diesem Aspekt der *Totalität* beinhaltet die elterliche Verantwortung auch einen Aspekt der *Kontinuität*: Es ist im Prinzip nicht möglich, sich für eine bestimmte Zeit davon zu trennen, weil das Leben des Kindes weitergeht und keinen Aufschub zulässt.

Neben diesen Seiten der elterlichen Verantwortung erwähnt Jonas noch eine weitere, nämlich die Erziehung zur Freiheit, Verantwortung zu übernehmen, also eine Erziehung *zur* Verantwortung.

Der zweite konzentrische Kreis besteht darin, dass das Zeugen, obwohl es die Handlung *zweier* Menschen ist, die Gesamtheit der zeugungsfähigen Wesen mitbeinhaltet: „Mit jedem Kind, das geboren wird, fängt die Menschheit im Angesicht der Sterblichkeit neu an, und insofern ist hier auch Verantwortung für den Fortbestand der Menschheit im Spiel" (PV 241). Dieser zunächst abstrakte Gedanke enthält indes nach Jonas eine „politische Pointe", nämlich die einer *institutionellen* Verantwortung des jeweiligen Staates für die in ihr lebenden Kinder.

Neben der elterlichen Verantwortung als Urtypus fasst Jonas noch eine weitere ins Auge, nämlich die des Staatmannes. Sie ist freigewählt; das Streben nach Macht erfolgt zum Zweck des Verantwortung-Übernehmens; die Macht *über* soll Macht *für* werden.

Während die elterliche Verantwortung *natürlich* ist, ist die des Staatsmannes *künstlich,* weil sie etwas bereits Existierendes (das bestehende Gemeinwesen) sowie weitgehend anonyme Individuen betrifft. Die Ausübung der elterlichen Verantwortung ist direkt, die des Staatmannes ist durch institutionelle Mittel ermöglicht. Dennoch kommen ihnen die gleichen Grundeigenschaften der Totalität, der Kontinuität und der Zukunft zu.

Jonas' Darlegungen zum Thema der politischen Verantwortung erweisen sich als sehr allgemein, ja als undifferenziert. So heißt es, der Staatsmann habe sich um die Bedingungen des Lebens und des guten Lebens der Gesamtheit der ihm anvertrauten Subjekte zu sorgen. Dies ist im Prinzip richtig, aber in dieser Allgemeinheit auch wiederum trivial. Wenn es heißt, der Staatsmann habe sich um die Identität der Gesellschaft zu kümmern, so ist hier zurückzufragen, was Identität in hochkomplexen Gesellschaften wie den unsrigen bedeutet.

Was den Aspekt der Verantwortung für die Zukunft betrifft, so ist das Problem der politischen Verantwortung anders gelagert als dies der Fall ist bei der elterlichen. Bei dieser wird auf der Grundlage der biologischen Entwicklung des Individuums ein Zeitpunkt erreicht, wo das Subjekt autonom und in die eigene Verantwortung entlassen wird. Auf der gesellschaftlichen Ebene lässt sich eine derartige Entwicklung nicht in der gleichen Weise denken: Es gibt kein Gesetz der Geschichte, sozusagen ein notwendiger Gang der Geschichte, der es erlauben würde, den zukünftigen Zustand der Gesellschaft mit Gewissheit vorherzusagen. Die Menschheit ist „nicht Gegenstand eines programmierten Ganzwerdens, vom Unfertigen zum Fertigen, vom Vorläufigen zum Endgültigen, wie ihre jeweils neu beginnenden Einzelwesen es sind" (PV 201). Dies an die Adresse jener Gesellschaftsutopie, die paradigmatisch für diese Auffassung stand, nämlich der marxistischen. Dennoch fordert die politische Verantwortung das Voraussagen, das Entwerfen von Zukunftsmodellen in unendlich vielen Bereichen des gesellschaftlichen Zusammenlebens, deren Vernetzung in der zunehmend globalisierter werdenden Weltgemeinschaft solche Voraussagen und Planungen immer schwieriger macht.

Während sich in der Vergangenheit die Zukunft nach menschlichem Maß denken ließ, ist dies in der Gegenwart radikal anders. Unser Wissen um die Zukunft kann sich zwar auf größere Datenmengen stützen, aufgrund derer – zum Teil sich widersprechende – Zukunftsprojektionen möglich sind, aber die Fortschrittsdynamik ihrerseits ist ungebunden und eröffnet in immer kürzeren Zeitabständen neue „Wirklichkeitsräume", die unvorhersehbar sind. Dies bedeutet einen radikalen Bruch gegenüber der Vergangenheit, wo Veränderungen begrenzt waren. Die Zukunft gestaltete sich aller Wahrscheinlichkeit nach so wie die Vergangenheit, nach dem Modell der Vergangenheit.

Wie also ist ein verantwortungsethischer politischer Imperativ in diesem neuen Rahmen zu formulieren? Jonas bleibt diesbezüglich – wie er selber eingesteht – recht allgemein. Für den Staatsmann gilt, „nichts zu tun, was das weitere Auftreten von seinesgleichen verhindert" (PV 214), sodass die „Möglichkeit verantwortlichen Handelns auch künftig bestehen bleibt" (PV 215).

5.2.3 Anthropozentrische und physiozentrische Aspekte der Verantwortung

Nach Jonas' Auffassung ist Verantwortung eine Angelegenheit, die sich fundamental (wenngleich nicht ausschließlich) auf den Menschen bezieht: „Das Urbild aller Verantwortung ist die von Menschen für Menschen" (PV 184). Als solche ist sie im Prinzip reziprok: „[…] generisch ist die Gegenseitigkeit immer da, insofern ich, der für jemand Verantwortliche, unter Menschen lebend allemal auch jemandes Verantwortung bin" (PV 184)[16].

Wenn Verantwortung so zu denken ist, dann bedeutet das, dass im *Sein* existierender Menschen ein *Sollen* beschlossen liegt. Wenn darüber hinaus der Mensch das einzige Wesen ist, das Verantwortung übernehmen kann, dann kann die Möglichkeit von Verantwortung-übernehmen nur dann weiterbestehen, wenn die Möglichkeit des Existierens von Menschen überhaupt offengehalten wird.

---

[16]Mit dieser These wird das Paradigma der einseitigen elterlichen Verantwortung erweitert.

Nun liegt aber in dieser These eine Asymmetrie beschlossen, insofern bezüglich zukünftiger Menschen nicht von Reziprozität gesprochen werden kann: Zukünftige Menschen haben keine Verantwortung gegenüber gegenwärtig existierenden. Dennoch hat für Jonas die These Bestand, dass die Zukunft der Menschheit „die erste Pflicht menschlichen Kollektivverhaltens" (PV 245) ist.

Hier setzt nun ein weiterer Gedanke an, der in der Rezeption von *Das Prinzip Verantwortung* von größerer Durchschlagskraft war: Im Zeitalter der allmächtig gewordenen Technik und der durch sie bedrohten Natur hat der Mensch im Namen der Zukunft der Menschheit eine Verantwortung für die Zukunft der Natur. Wie ist dies genauer zu verstehen?

Es wurde bereits an früherer Stelle auf Jonas' These von einem „sittlichen Eigenrecht der Natur" (PV 29) hingewiesen. Der Verfasser hat in Erwägung gezogen, dass es sich hierbei um einen Anspruch handeln könnte, der nicht um des Menschen willen besteht, sondern um der Natur selber willen.

Seinen diesbezüglichen Ausführungen an späterer Stelle haftet nun eine gewisse Zweideutigkeit an. Einerseits heißt es, der Mensch komme zuerst und die Natur müsse „ihm und seiner höheren Würde weichen" (PV 246). Da ist nun nicht mehr die Rede von einem sittlichen Eigenrecht der Natur; vielmehr wird das sittliche Verhältnis zur Natur der Pflicht zum Menschsein untergeordnet. Die Pflicht gegenüber der Natur ist Bedingung der eigenen Fortdauer und Element der eigenen Vollständigkeit (PV 246). Dann aber heißt es, die in der „Gefahr neuentdeckte Schicksalsgemeinschaft von Mensch und Natur" (PV 246) lasse uns die selbsteigene Würde der Natur (nicht das Recht!) wiederentdecken.

Die Pflicht zum Menschen, als Leitbegriff der Verantwortungsethik, fällt letztlich mit der Pflicht zur Erhaltung der Natur in eins, sodass sich die zunächst anthropozentrische Ethik um eine physiozentrische Seite erweitert, die als notwendige Ergänzung der ersteren anzusehen ist.

5.2.4   Verantwortungsethik als „konservative" Ethik

Die Zukunft der menschlichen Gattung ist bedroht, dies nicht so sehr durch die Kräfte der Natur, sondern vielmehr aufgrund der Macht des Menschen, seiner Kreativität in Wissenschaft und Technik. Dieser „Gotteskomplex" (H.E. Richter) des Menschen lässt die ethischen Imperative in einem neuen Licht erscheinen: Grundsätzlich geht es darum, *dass* es in Zukunft überhaupt noch Menschen gebe bzw. negativ, zu verhindern, dass Menschen nicht mehr existieren. In diesem Sinn ist die Ethik der Verantwortung eine „konservative Ethik". Die ethische Bestimmung des Menschen ist das Sein(können) des Menschen. Jonas schreibt, dass es darum geht, die Bedingungen zu retten, unter denen Menschen *als Menschen* sein können. Dieser Zusatz ist von besonderer Bedeutung. Häufig ist die Rede vom „wahren Menschenbild" (PV 63), von der „Idee des Menschen" (PV 91), vom „eigentlichen Menschen" (PV 249), vom Menschen als Menschen (PV 250), vom „wahren Menschen überhaupt" (PV 322). Was diese Formeln bedeuten, ist allerdings nur umrisshaft zu erahnen. Jonas scheint eine Art substanzielles Wesen des Menschen vor Augen zu haben.

Aufgrund dieser zentralen Bedeutung des Menschen und der Möglichkeit seiner Zukunft drängt sich nach Jonas eine *pragmatische Grundmaxime* auf, an deren Leitfaden sich die Entscheidungsprozesse der Menschen orientieren sollen, die unter dem Stichwort einer „Heuristik der Furcht" angezeigt wird. Sie besagt, allgemein, dass wir bei unseren Entscheidungen „unser Fürchten vor unserm Wünschen konsultieren" (PV 64) müssen, um zu ermitteln, was zu tun bzw. zu unterlassen sei. Dies impliziert allerdings eine „imaginative Kasuistik" (PV 67), die in gut informierten Denkexperimenten besteht, in denen noch Unbekanntes aufgespürt werden soll. Darauf aufbauend ist der schlechteren Prognose gegenüber der besseren der Vorrang zu geben. Die praktische Vorschrift, so Jonas, besteht darin, „*der Unheilsprophezeiung mehr Gehör zu geben als [...] der Heilsprophezeiung*" (PV 70).

5.2.5 Politische Aspekte der Verantwortungsethik

Verantwortung, so sahen wir, wird zunächst als Verantwortung des Einzelnen gedacht: *Ich* bin gegenüber jemandem für etwas verantwortlich. Die damit einhergehende Pflicht muss von einem *Gefühl* begleitet sein. Wenn dies strukturell zum Verantwortungsbegriff gehört, wie steht es dann mit *globaler* Verantwortung, in der es in mehr oder weniger großem Umfang um die Zukunft der Menschheit geht? Betrachtet man hier die Individuen, die in dem engen Kreis ihrer Einflussmöglichkeiten leben, so muss man deren weitgehende Ohnmacht feststellen. Was also zu befragen ist, ist das kollektive, politische Handeln, also Ausübung und Kontrolle der Macht unter dem Aspekt der Verantwortung.

Jonas behauptet, die aktuelle Situation rufe nach einer *Politik des Verzichts,* einer „weise[n] Politik *konstruktiver* Vorbeugung" (PV 321). Damit stellt sich eine fundamentale Frage, nämlich die nach dem politischen System, das in der Lage ist, eine derartige Politik des Verzichts um der Naturerhaltung willen durchzusetzen.

In einem *Spiegel*interview aus dem Jahre 1992 wurde Jonas auf diesen Punkt hin angesprochen. Hier äußert er – etwas vage – die Ansicht, er hege den Verdacht, „daß die Demokratie, wie sie jetzt funktioniert – mit ihrer kurzfristigen

Orientierung – auf die Dauer nicht die geeignete Regierungsform ist" (DBEN 16). Jonas hält Freiheitsverzichte der Individuen, die um der Errettung der Menschheit willen in Kauf genommen werden müssen, für selbstverständlich. Der These des Interviewers, weder die Demokratie noch die Marktwirtschaft bildeten einen Rahmen für Jonas' Verantwortungsethik, widerspricht der Autor nicht (siehe ebd. 20). Dem entspricht übrigens das, was er bereits in *Das Prinzip Verantwortung* behauptet hatte, nämlich, dass angesichts der „Härte einer Politik verantwortlicher Entsagung" die Demokratie „mindestens zeitweise untauglich" (PV 269) sei. Jonas' augenblickliche Abwägung sei, „widerstrebend, zwischen verschiedenen Formen der ‚Tyrannis'" (PV 269) zu wählen.

Jonas fragt – 1979 – „Kann der Marxismus oder der Kapitalismus der Gefahr besser begegnen?" (PV 256). In der „asketischen Moral", die der sozialistischen Disziplin innewohnt, erblickt Jonas einen Ansatz, der ohne Brüche von der im Kommunismus herrschenden Wohlstandsausrichtung sozusagen „unmerklich [...] in eine Asketik im Dienste der Verhütung zu großer Armut [übergeht]" (PV 265). Instrumental gesehen räumt Jonas einem „innerlich ernüchterten ‚Marxismus'" (PV 271) bessere Chancen ein, mit den Zukunftsaufgaben fertig zu werden. Allerdings zeigt dann eine genauere Analyse, welches die strukturellen Schwachstellen des Kommunismus sind, insbesondere der dem Marxismus innewohnende technologische Impetus, der sich „mit dem Standpunkt des extremsten Anthropozentrismus verbindet, dem die ganze Natur (sogar die menschliche) nichts anderes als ein Mittel für die Selbstverfertigung des selber noch nicht fertigen Menschen ist" (PV 277).

Es ist dieser Aspekt des „eigentlichen Menschen", den Jonas hinterfragt. Für den Marxismus ist die klassenlose Gesellschaft die Voraussetzung für die Hervorbringung des „guten" Menschen und dessen wahrer Potenzialitäten. Dies aber fußt auf materiellen Grundlagen, die ihrerseits nur mithilfe der Technik zu verwirklichen sind – ein Punkt, den der Marxismus mit dem Kapitalismus teilt. Dazu Jonas' nüchterne Feststellung: Wir können uns die Utopie mit dieser Bedingung heute nicht leisten und sie ist auch an und für sich ein falsches Ideal (PV 286).

Die Fragen, die sich bezüglich dieses letzten Punktes stellen, betreffen die kulturelle und sittliche Überlegenheit der klassenlosen Gesellschaft bzw. der in ihr lebenden Menschen. Letzten Endes, so Jonas, ist dem kommunistischen Gesellschaftssystem mit der „Durchdringung jedes Einzellebens mit dem öffentlichen Interesse" (PV 303) ein freiheitliches Regime vorzuziehen. Der liberale Staat ist eine „Zweckeinrichtung, welche die Sicherheit der Individuen" (PV 303) schützt und in den Grenzen derselben dem freien Spiel der Kräfte weitest gehenden Raum lässt. So gilt grundsätzlich, „daß auf allen Gebieten menschlicher Tätigkeit ein freiheitliches System, solange es sich vor seinen eigenen Ausschreitungen

schützen kann, aus sittlichen Gründen einem unfreien vorzuziehen ist, selbst wo
ein solches manche und wichtige menschlichen Interessen besser oder sicherer
bedienen kann" (PV 304).

Zu fragen bleibt jedoch, ob Jonas' Argumente für ein freiheitliches System,
in dem notgedrungen das pragmatische Prinzip des Kompromisses vorherrscht,
in der Tat das verantwortungsethische Projekt, das eine Maximalforderung angesichts der offen zu haltenden Zukunft der Menschen beinhaltet, im Spiel der Interessen von Politik, Wirtschaft und Gesellschaft nicht auf den kleinstmöglichen
Nenner reduziert und damit weitgehend wirkungslos wird.

Der Appell an die Wahrung der Schöpfung und die Zukunft des Menschen in
der Integrität des „Ebenbildes" (PV 393) klingt, so gesehen, in der Tat sehr abs-
trakt, gar letztlich so hilflos wie Jonas' Aussage im *Spiegel*interview von 1992:
„Ich habe keine Antwort auf die Frage, wie die sich jetzt abzeichnende und
unzweifelhafte Gefährdung der menschlichen Zukunft im Verhältnis zur irdischen
Umwelt abgewendet werden kann" (Dem bösen Ende näher, S. 18).

5.3 Einige kritische Fragen

Wie bereits früher hervorgehoben rührt die Attraktivität von Jonas' Philosophie
in erster Linie von *Das Prinzip Verantwortung* her. In seinen *Erinnerungen*
schreibt er:

> Die enorme Wirkung von *Das Prinzip Verantwortung* hängt [...], wenn ich es rich-
> tig einschätze, nicht mit seiner philosophischen Grundlegung zusammen, sondern
> verdankt sich dem allgemeinen Gefühl, dem sich schon damals die einigermaßen
> aufmerksamen Beobachter immer weniger entziehen konnten, daß mit unserer
> Menschheit etwas schiefgehen könnte, daß sie sogar eventuell drauf und dran ist,
> in diesem übermäßig werdenden Wachstum technischer Eingriffe in die Natur ihre
> eigene Existenz aufs Spiel zu setzen (E 326).

Wir stoßen hier auf den sensiblen Punkt des Werkes. Man kann dieses in der Tat
in Richtung auf eine ontologisch „schwache" oder „starke" Version hin lesen.
In ersterer kann man sich mit dem plakativen Befund der Technikkritik und den
angeführten Gefahren für die Zukunft zufriedengeben. Jonas führt dies einigermaßen wortgewaltig aus. Dennoch bleiben viele Fragen offen.

Z. B. wird man sagen müssen, dass Begriffe wie Natur, Technik, Fortschritt,
Mensch, Politik unterbestimmt bleiben. Müsste nicht insbesondere die Frage der
Beherrschung der Natur durch die Technik differenzierter angegangen werden als
dies der Fall ist? Wenn von Gefahren infolge technischer Fortschritte die Rede ist,

so trifft dies sicher zu; anderseits aber wird das Chancenpotenzial, das der technische Fortschritt in bestimmten Gebieten mit sich führt, in seiner Werthaftigkeit zu
wenig beachtet.

Weiterhin: Wenn Jonas fordert, in Entscheidungsprozessen der schlechten Prognose gegenüber der guten den Vorzug zu geben, so ist dem vor dem Hintergrund
des Fernhorizontes unseres jetzigen Handelns im Prinzip zuzustimmen. Gleich-
wohl betritt man bei der Einschätzung der Folgen technologischer Neuerungen
einen Bezirk, in dem man häufig sich widersprechende Expertenmeinungen
antrifft, die eine Urteilsbildung, die Voraussetzung politischer Entscheidungen
ist, schwierig macht. Die politischen Kompromisse erfolgen häufig auf kleinen
gemeinsamen Nennern.

Ein weiterer diskutierbarer Punkt: Wenn im Hintergrund der Ethik der Verantwortung die Wahrung des wahren Menschen steht, dann ist hier zurückzufragen, *wer* die Deutungshoheit über dieses Bild des wahren Menschen besitzt
und ihm normative Konturen zu geben ermächtigt ist. Riskiert ein Diskurs, der
sich an dieser Idee orientiert, die Jonas nirgends explizit ausformuliert, nicht
zwangsläufig in Ideologie umzukippen? Oder aber steht bei diesem Thema
für Jonas – wie wir vermuten – nicht eine Überzeugung anderer Art, nämlich
die seiner jüdischen Wurzeln? Damit würde sich dann allerdings für den philosophischen Diskurs, den der Autor für sein Unternehmen beansprucht, eine argu-
mentative Steillage ergeben.

Sodann: Von der Verantwortung heißt es, sie sei von einem *Gefühl* begleitet.
Dies lässt sich ohne Schwierigkeiten mit Blick auf das Individuum oder auch auf
Kleingruppen nachvollziehen. Da jedoch, wo Verantwortung in politischer Perspektive gedacht wird – und globale Verantwortung für die Zukunft der Menschheit ist ja vornehmlich Aufgabe der Politik –, sieht man schlecht, wie eine solche
das Gefühl in Anspruch nehmen kann. Hier muss sie nachvollziehbare argumen-
tative, gar quantifizierbare Formen annehmen.

Wendet man nun den Blick auf eine *ontologisch starke Version,* in der es um
die metaphysischen Grundlagen der neuen Ethik geht, so sind der Probleme
nicht weniger. Ontologien sind generell kontingenter Natur, was eine beträcht-
liche Belastung hinsichtlich ihres Wahrheitsanspruchs bedeutet. Denn ein solcher muss generell in einem unhintergehbaren Prinzip gründen. Die innere
Konsistenz (Widerspruchsfreiheit) ist dafür epistemisch zu schwach; sie ist
notwendige Bedingung, aber keine hinreichende. Das Prinzip von Jonas' Ontologie besteht, wie gesehen, in der Gleichstellung von Sein und Wert. Bezüglich
dieser These, die unabhängig von jedweder Religion (PV 99) bzw. einer metaphysischen Gotteslehre konsistent begründet werden soll, stellt sich die Frage, ob
die Behauptung, das einfache Sein von etwas involviere bereits einen Vorrang vor

seinem Nichtsein und impliziere damit seine Werthaftigkeit, eine gültige Inferenz darstellt. Jonas beweist diese These letzten Endes *nicht,* und zwar deshalb, weil er den Seinsbegriff, den er zugrunde legt, nicht hinreichend klärt. Gilt u. U. die oben genannte Inferenz im Bereich des Organischen, so stellt sich die Frage nach ihrer Sinnhaftigkeit im Bereich des Anorganischen. Hier von einem Vorrang des Seins des Anorganischen vor seinem Nichtsein zu sprechen, ergibt wenig Sinn, es sei denn, man zieht eine bestimmte metaphysisch-theologische Hypothese heran. Das tut Jonas aber in *Das Prinzip Verantwortung* nicht. Seine axiologische Ontologie hat insofern postulatorischen Charakter: Sie ist letztlich ein fragwürdiger Entwurf und bildet insofern eine schwache Grundlage für die Herleitung einer Ethik der Verantwortung, in der das Sollen auf dem Ruf des Seins gründet.

Gott in Welt

6

Unter dem Stichwort „Gott in Welt" wenden wir uns abschließend einem Thema zu, das aus systematischer Perspektive dem gesamten Denkweg von Hans Jonas eine bemerkenswerte Einheit verleiht.

Die im weiten Sinn des Wortes „theologische" Problematik begegnet ein erstes Mal in dem 1962 erschienenen Aufsatz *Immortality and the Modern Temper* (Unsterblichkeit und heutige Existenz). Die dort vertretene These wird 1984 in dem berühmten Vortrag *Der Gottesbegriff nach Auschwitz* wiederaufgenommen, sodann in *Materie, Geist und Schöpfung* (1988).

Im Vortrag von 1984 steht die Frage nach Gott im Zusammenhang mit der sogenannten *Theodizeefrage,* die sich dem Denkenden, sofern ihm Metaphysik oder/und Glaube nicht fremd sind, mit dem Namen „Auschwitz" aufdrängt. Der Ton dieses Vortrags ist ergreifend, von Schmerz und Leiden geprägt – erinnert sei daran, dass Jonas' Mutter, die er, wie in einem Brief vom 30. Dezember 1944 schreibt, wiederzusehen hoffte (E 363), 1942 in Auschwitz ermordet wurde. Der Vortrag versteht sich als Verbeugung vor den Opfern des Holocaust.

Im Aufsatz von 1988 steht die Gottesfrage im Kontext eines *kosmogonischen Entwurfs.* Die beiden Herangehensweisen verweisen indes eine auf die andere und lassen sich als zwei Seiten eines metaphysischen Problems lesen: Auschwitz steht paradigmatisch für die Erschütterung einer kosmischen Ordnung, für eine radikale Infragestellung der Schöpfung selber und demzufolge auch als eine radikale Infragestellung des Schöpfers bzw. der *Idee,* die die Philosophie sich von diesem gemacht hat. Das ist zweierlei. In der Tat geht es Jonas nicht darum, den theologischen Bezug schlechthin aufzugeben, sondern viel eher, die gesamte Schöpfung unter veränderten theologischen Prämissen neu zu denken bzw. Gott neu zu denken unter veränderten kosmogonischen und kosmologischen Prämissen.

© Springer Fachmedien Wiesbaden GmbH, ein Teil von Springer Nature 2019   51
R. Theis, *Hans Jonas*, essentials,
https://doi.org/10.1007/978-3-658-22925-2_6

6.1   Wie lassen sich ‚Auschwitz' und ‚Gott' zusammendenken?

Seit Immanuel Kants Kritik an den traditionellen Beweisen vom Daseins Gottes in der 1781 erschienenen *Kritik der reinen Vernunft* scheint es verwegen, ein
Unternehmen wie das der Gottesbeweise erneut aufzunehmen. Die Beantwortung
der Frage nach Gottes Dasein ist, so Kant, was objektives Erkennen oder Wissen betrifft, unentscheidbar. Es bleibt jedoch ein kognitiver Modus bezüglich dieser Frage bestehen, den er als *Vernunftglaube* bezeichnet: Dieser ist subjektiv in
der menschlichen Vernunft hinreichend gesichert, aber objektiv, d. h. hinsichtlich
des Gegenstandes selber unzureichend. Der Vernunftglaube ist demzufolge vornehmlich in praktischer Beziehung zu verorten, d. h. mit Blick auf das unbedingte
Sollen und den damit verbundenen Zwecken[1]. War in dieser systematischen
Konstruktion prinzipiell noch Platz für ein Sprechen über Gott, so ist dieses mit
Auschwitz fragwürdig geworden. Wie lässt sich noch an Gott denken, geschweige
denn an ihn glauben, wie lässt sich Gott noch denken angesichts des Leidens und
Todes unschuldiger Menschen? Wenn Gott Gott ist, wenn er in Übereinstimmung
mit dem Begriff steht, den die philosophisch-theologische Tradition von ihm aus-
gearbeitet hat, nämlich, dass er ein allmächtiges und gütiges Wesen ist, dann war
Gott in Auschwitz abwesend. Die extreme Konsequenz angesichts der Erfahrung
der Abwesenheit Gottes besteht darin, zu sagen: Es gibt keinen Gott, Gott ist tot.

Mit der göttlichen Allmacht stoßen wir in der Tat auf den kritischsten Punkt.
Die frühesten Glaubensbekenntnisse enthielten übrigens nur dieses einzige
Prädikat[2]. Gottes Allmacht findet ihren höchsten Ausdruck im Schöpfungsakt
„aus Nichts". Die Irritation an diesem Begriff kommt von dem Vorhandensein des
Übels in der Schöpfung[3]: Wie lässt sich zusammendenken ein allmächtiger Gott,
der das Beste will – Gott will die beste Welt, da nur diese seinem Willen ent-
sprechen kann – und die Präsenz des Übels in dieser Welt.

Die philosophisch-theologische Tradition hat zur Lösung dieser Schwierigkeit
auf das Konstrukt der „Zulassung" zurückgegriffen. Gott will das Übel nicht und
er verursacht es auch nicht, aber er lässt es zu. Dies ist aber nur dann sinnvoll,
wenn das Übel selbst in dem übergeordneten göttlichen Plan, der vom Wollen

---

[1]Siehe *Kritik der reinen Vernunft* B 856.

[2]Siehe Karl Rahner, Artikel „Allmacht" in: Herders theologisches Taschenlexikon, Bd. 1,
Freiburg 1972, S. 75.

[3]Der Begriff umfasst sowohl physisches als auch moralisches Übel.

des Guten beherrscht ist, integrierbar ist. Auf der Grundlage des so verstandenen Gottesbegriffs wird selbst das Übel in seiner Negativität verstehbar und Gott sozusagen gerechtfertigt (Theodizee).

6.2   Jonas' Mythos vom werdenden Gott

Aber, so Jonas, ‚Auschwitz' stellt „selbst für den Gläubigen den ganzen über-lieferten Gottesbegriff infrage". Es fügt in der Tat „[…] der jüdischen Geschichts-erfahrung ein Niedagewesenes hinzu, das mit den alten theologischen Kategorien nicht zu meistern ist" (PU 193). Dennoch, will man vom Gottesbegriff nicht ein-fachhin absehen, so muss man ihn neu überdenken und sich insbesondere der Frage stellen: „Was für ein Gott konnte es geschehen lassen?" (PU 193).

In seinen *Erinnerungen* schreibt Jonas, es sei einer „rationalen oder philo-sophischen Metaphysik nicht verboten, ‚Vermutungen' über das Göttliche in der Welt anzustellen" (E 345). Von tastendem Versuch ist hier die Rede, der keinen Wahrheitsanspruch (sic!) einfordert, von einem „Bedürfnis der Vernunft" (PU 173 f.), das von jedem „Hauch einer Beweisillusion" (PU 174) frei ist.

Im Aufsatz von 1984, sowie später in dem von 1988, greift Jonas auf einen kühnen mythologischen Entwurf zurück, den er zuerst 1962 vorgetragen hatte. In ihm entwickelt er einen Gottesbegriff, „mit dem zu ertragen ist, was sonst unerträglich wäre" (E 345).

Der Mythos nimmt seinen Ausgang bei der Schöpfung der Dinge „im Anfang". „Im Anfang, aus unerkennbarer Wahl, entschied der göttliche Grund des Seins sich dem Zufall, dem Wagnis und der endlosen Mannigfaltigkeit des Werdens anheimzugeben. Und zwar gänzlich" (PU 193). Im Schöpfungsakt sel-ber *entäußert* sich Gott. Diese Entäußerung ist einerseits zu verstehen als Ver-zicht auf eine weitere Ausübung seiner Macht, und zwar im Namen der Freiheit der Schöpfung. Gottes erste Ausübung seiner Macht ist gleichzeitig seine letzte. Andererseits versteht Jonas die göttliche Entäußerung auch als ein in-die-Welt-Eingehen Gottes. Freilich darf dies nicht in einem pantheistischen Sinn ver-standen werden, der jedes Werden, auf das es Jonas ankommt, ausschließen würde. Die Schöpfung ist nicht ein für alle Mal fertig, sondern Sein im Werden. Dies hinwiederum bedeutet, dass der Schöpfergott in der Selbstpreisgabe an das von ihm Geschaffene im evolutiven Prozess dieses Geschaffenen auch zum wer-denden Gott (PU 195) wird. Dieses Werden vollzieht sich zunächst auf der Ebene des bewusstlosen Stoffes und der diesem innewohnenden physikalischen und che-mischen Möglichkeiten. Hier findet ein „zögerndes Auftauchen der Transzendenz aus der Undurchsichtigkeit der Immanenz" (PU 194) statt. In diesem „großen

Glücksspiel der Entwicklung" (PU 196) konnte Gott nicht verlieren. Diese Phase des kosmischen Geschehens steht noch diesseits von Gut und Böse.

Es ist die erste Regung des Lebens, die im werdenden Weltprozess einen qualitativen Sprung bedeutet, insofern mit dem Leben, selbst in seinen einfachsten Formen, so etwas wie Selbstbejahung anfängt. Damit hebt auch für die Gottheit die Erfahrung ihrer selbst an (PU 195), die mit der steigenden Vielfalt der Formen des Lebendigen und der Differenzierung ihrer Seinsweisen einen „Gewinn des göttlichen Subjekts" (PU 196) bedeutet. Mit dem Menschen kommt die Heraufkunft von Wissen und Freiheit (PU 196). Damit ist nun eine Stufe erreicht, auf der sich auch die Ethik ansiedelt, in der Form der „Verantwortung unter der Disjunktion von Gut und Böse" (PU 196).

Für Gottes Sein im Werden ist dies nun eine entscheidende Phase. Konnte, wie oben vermerkt, die Sache Gottes im kosmogonischen Prozess nicht fehlgehen, so gerät sie in den Händen des Menschen in eine „fragwürdige Verwahrung" (PU 197): Es ist nun in der Tat die Möglichkeit gegeben, die Sache Gottes zu erfüllen, aber auch zu verwirken, und zwar durch das, was der Mensch mit der Welt tut. Gott ist jetzt endgültig der menschlichen Verantwortung ausgeliefert. Soweit der Mythos.

6.3   Versuch einer „rationalen" Übersetzung des Mythos

a) *Ein neuer „Gottesbeweis"*. In seiner Philosophie der Biologie hatte Jonas, wie gesehen, die These aufgestellt, dass der Materie eine „ursprüngliche Begabung mit der *Möglichkeit* eventueller Innerlichkeit" (PU 219), „Subjektivität von Anfang an in der Latenz" (PU 221) zugesprochen werden muss. Es ist in diese Öffnung in der leblosen Materie hin auf „Subjektivität", wo sich die theologische Frage ansiedelt. Die Latenz der Subjektivität bis hin zu ihrer höchsten Verwirklichung in der Geistigkeit des Menschen beinhaltet eine grundsätzliche *Kompatibilität* zwischen Materie und Geist. Dies muss allerdings richtig verstanden werden. Kompatibilität bedeutet nicht ein Ursache-Wirkung Verhältnis. Auf dieser Nuance nun siedelt sich die theologische Problematik an. In der Tat: Wie ist die *erste* Ursache des Geistes zu denken? Wenn zutrifft, dass das Aufkeimen des Geistigen erst auf einer bestimmten Entwicklungsstufe des Gehirns möglich ist, so ist nicht weniger wahr, dass diese Stufe nur die *Bedingung* dieses Aufkeimens ist, nicht hingegen ihre Ursache. Geht man nun bis an den *Anfang* zurück (mit der These von der Latenz des Geistes in der Materie im Hintergrund), so ist zu behaupten, dass die *Ursache* dieses in der Materie „schlafenden Geistes" selber *nicht weniger als Geist* sein kann. Dieser Gedankengang führt Jonas dazu, folgenden Schluss zu ziehen: „[…] das anthropische Zeugnis als Teil kosmischen Befundes – die Selbsterfahrung also des Geistes und zumal seines denkenden Ausgreifens ins Transzendente – [führt] zum Postulat eines Geisthaften, Denkenden, Transzendenten, Überzeitlichen am Ursprung der Dinge" (PU 234).

Diese Argumentation siedelt sich – in Analogie zum sogenannten aposteriorischen Gottesbeweis der Tradition, der im Ausgang vom bewegten innerweltlichen Seienden zu einem ersten transzendenten Beweger führt – auf einer rationaltheologischen Ebene an.

b) *Ein neuer Gottesbegriff.* Die auf der Ebene des Mythos formulierte These von der *Immanenz Gottes in der Welt* ist nun mit Blick auf den *Gottesbegriff* zu befragen.

Der immanente und demnach ohnmächtige Gott ist ein mit der Schöpfung *leidender.* Dieses Prädikat steht im Widerspruch zur biblischen Idee der Impassibilität (Leidenslosigkeit) Gottes. Weiterhin: Gott ist ein *werdender* in dem Sinn, dass er von dem in der Schöpfung Geschehenden *affiziert* wird. Er ist also *veränderlich.* Dieses Prädikat steht im Widerspruch mit der Unveränderlichkeit. Sodann: Gott ist ein *sich sorgender,* womit vor allem darauf hingewiesen wird, dass der so verstandene Gott wegen seiner Ohnmacht „kein Zauberer ist, der im Akt des Sorgens zugleich auch die Erfüllung seines Sorgeziels herbeiführt" (PU 200).

c) *Der Sinn der Verantwortung.* Welches sind die Implikationen der Immanenz Gottes mit Blick auf den Menschen? Aufgrund des Vorigen ist klar, dass Gott, der sich dem Werden in der Schöpfung ausgeliefert hat, in keiner Weise aktiv in das Geschehen dieser Schöpfung eingreift bzw. eingreifen kann. Gott hat „nichts mehr zu geben" (PU 207). Das bedeutet im Umkehrschluss, dass der Mensch auch nichts von Gott zu erwarten hat. Mit Blick auf Auschwitz etwa heißt dies etwa, dass die anklagende Frage: Wo bist du Gott? Wo warst du Gott? umzuformen ist in die Anklage: O Mensch, wie hast du Auschwitz möglich gemacht? Damit wird aus der alten Theodizee eine Anthropodizee. „Die Schmach von Auschwitz ist keiner allmächtigen Vorsehung und keiner dialektisch-weisen Notwendigkeit anzulasten […] *Wir* Menschen haben das der Gottheit angetan als versagende Walter ihrer Sache, auf uns bleibt es sitzen, wir müssen die Schmach wieder von unserem entstellten Gesicht, ja vom Antlitz Gottes, hinwegwaschen" (PU 243).

Mit diesen Gedanken erhält nun die Ethik der Verantwortungsproblematik eine unerwartete Wendung: Der Mensch selber ist für sein Handeln verantwortlich. Aber verantwortlich für was? In PV lasen wird, dass es um die Welt geht, auf dass sie auch in Zukunft bewohnbar bleibe, sodass auch dann noch Menschen existieren können, die ihrerseits Verantwortung übernehmen können. Warum aber *soll*

dies so sein? In PV war diesbezüglich vom Ruf des Seins die Rede, das als Wert
ein Sollen involviert.

Der Hintergrund dieser These, die im Werk von 1979 ungenügend aus-
gearbeitet ist, ist der, dass die Verantwortung des Menschen für die Welt – und
damit verbunden die weitere Möglichkeit zukünftiger Menschen –, letztlich in
der *Verantwortung für den sich der Welt im Akt der Schöpfung anheimgegebenen
Gott* wurzelt: „[...] wir haben es in unserer Hand, die Schöpfungsabsicht zu ver-
eiteln" (PU 247). Unsere Pflicht ist es demnach, „die von uns gefährdete göttliche Sache in der Welt vor uns [zu] schützen, der für sich ohnmächtigen Gottheit
gegen uns selbst zu Hilfe kommen [zu] müssen" (PU 247). Das Movens der Verantwortungsethik ist somit ein *theologisches*.

Damit wird nun auch noch ein letztes verständlicher: Aufgrund des dialekti-
schen Beziehungsgefüges zwischen Gott und Mensch (dialektisch insofern *Gott*
als Schöpfer am Anfang steht, sich in seiner Schöpfung entäußert; der *Mensch*
verantwortlich ist für die göttliche Sache in der Welt) bekommt nun auch der
in PV unscharf gebliebene Topos vom *wahren Menschen* usw. seine präzisere
Bedeutung: Der wahre Mensch ist derjenige, der die „Bürde" der Gottesebenbild-
lichkeit als seine Aufgabe auf sich nimmt, insofern sich in ihm der werdende Gott
am meisten wiedererkennt – damit zugleich auch am meisten entstellt zu werden
riskiert. Dieser in PV auch mehr angedeutete als ausgeführte Gedanke bestätigt
noch einmal das fundamental theologische Anliegen der Verantwortungsethik.

Schluss

7

Micha Brumlik fasst Jonas' Werk in der Formel einer Revolte gegen die Flucht aus der Welt zusammen[1]. Eine solche kennzeichnet, wie gesehen, die spätantike Gnosis, deren Studium aus geistesgeschichtlicher Perspektive am Beginn von Jonas' Denkweg steht.

In *Erkenntnis und Verantwortung,* einem Interview aus dem Jahre 1991, sagt Jonas, mit Blick auf seine Philosophie des Organismus, sie lasse sich als Revolte gegen den Dualismus lesen[2]. Man kann diese Bemerkung indes auf sein gesamtes Denken ausweiten, das getragen von einer mehr oder weniger expliziten Auseinandersetzung mit dem dualistischen weltfeindlichen „Geist der Gnosis", und somit aus diesem Gesichtspunkt in seinem Denken eine eindrucksvolle Einheit herauslesen.

In seiner Philosophie des Lebens wird ein erster Versuch unternommen, den *Dualismus zwischen Mensch und Welt* zu überwinden: Die Interpretation des kosmischen Werdens und in ihm des Auftauchens von Leben von seinen elementarsten Formen bis hin zu seiner höchsten Ausformung im Menschen soll zeigen, dass dieser nicht ein der Natur gegenüber Fremder ist, und dennoch, kraft der ontologischen Freiheit, die alles Leben kennzeichnet, gegenüber dem materiellen Sein transzendent ist, fähig zur Hervorbringung symbolischer Selbstdeutung.

Der Mensch, verstanden als Geistwesen in der Welt, ist darüber hinaus – und hier zeigt sich eine weitere Überwindung des gnostischen Geistes – *ethisch* nicht indifferent. Diese Grundthese setzt ihrerseits eine ontologische Anreicherung des

---

[1]Micha Brumlik in: *Frankfurter Rundschau vom 8. Februar 1983.* Christian Wiese spricht in Anlehnung an Brumlik, von einer „Revolte wider die Weltflucht" (*„Zusammen Philosoph und Jude". Hans Jonas,* Frankfurt 2003, S. 115).

[2]In: *Orientierung und Verantwortung,* a. a. O., S. 445.

© Springer Fachmedien Wiesbaden GmbH, ein Teil von Springer Nature 2019
R. Theis, *Hans Jonas,* essentials,
https://doi.org/10.1007/978-3-658-22925-2_7

Seins (der Welt) voraus, nämlich die von Sein = Wert. In dieser wurzelt die ethische Dimension, die unter dem Stichwort der *Verantwortung* ihren beredtsten Ausdruck findet: Das Sein ruft den Menschen in die Verantwortung und zwar in dem Sinn, dass dieser dafür Sorge zu tragen hat, dass dieses Sein bewahrt bleibe. Das Projekt der Ethik der Verantwortung mit der in ihr enthaltenen Forderung, dass es eine zukünftige Menschheit gebe, die ihrerseits Verantwortung tragen kann, ist in diesen zunächst ontologischen Kontext des Seins als Wert zu verorten, auch wenn sich die konkrete Durchführung des ethischen Programms, etwa unter dem Stichwort der Heuristik der Furcht angesichts der technologischen Möglichkeiten des Menschen, vordergründig ohne diesen ontologischen Unterbau lesen lässt.

Dass es aber um diese metaphysische Dimension geht, hat indes, wie die späteren Arbeiten von Jonas zeigen, einen *theologischen Grund* und hier findet sich, höchst spekulativ, der Versuch einer weiteren Überwindung des gnostischen Dualismus, diesmal des Dualismus zwischen Gott und Welt: Dem Ruf des Seins (insofern es Wert ist) wohnt ein Rufer inne, nämlich die Gottheit, die sich im Schöpfungsakt ihres Seins entäußert und sich der Schöpfung mit ihrem Werden ausgeliefert hat. Gerade im „höchsten" Produkt dieser Schöpfung, im Menschen, ist die Gottheit am höchsten gefährdet. Die letzte Verantwortlichkeit des Menschen besteht darin, das Abenteuer der Gottheit nicht zu verwirken. Die Ethik der Verantwortung hat insofern eine eschatologische Seite: Der Mensch bewohnt die Welt und hat dafür Verantwortung zu tragen, dass diese Welt bewohnbar bleibt, aber die Erhaltung dieser Bewohnbarkeit steht im Dienst einer *göttlichen Geschichte:* Die Verantwortung für die Welt ist Verantwortung für Gott. Darin besteht auch die letzte Bestimmung des Menschen. Wie spekulativ diese metaphysischen Vermutungen auch immer sein mögen – Jonas verlangt nicht, ihm bis dahin zu folgen –, sie bilden dennoch den unhintergehbaren Grund seines Denkens.

Was Sie aus diesem *essential* mitnehmen können

- Die Idee, dass der Mensch mit der Natur in einer Einheit steht;
- Dass der höchste Ausdruck des Menschen als symbolisches Wesen in seiner Freiheit, verstanden als Transzendenz zur Natur, besteht;
- Dass Freiheit, in ethischer Perspektive, letztlich in der Verantwortung besteht;
- Dass Verantwortung mit Blick auf Natur und auf zukünftige Generationen neu zu denken ist;
- Die Frage, ob der Mensch letztlich nicht noch zu einer ganz anderen Art von Verantwortung aufgerufen ist

© Springer Fachmedien Wiesbaden GmbH, ein Teil von Springer Nature 2019   59
R. Theis, *Hans Jonas*, essentials,
https://doi.org/10.1007/978-3-658-22925-2

Literatur

Hans Jonas

Zwischen Nichts und Ewigkeit. Zur Lehre vom Menschen, Göttingen 1963 (ZNE): Gnosis, Existenzialismus und Nihilismus, 5–25
Zwischen Nichts und Ewigkeit. Zur Lehre vom Menschen, Göttingen 1963 (ZNE): Unsterblichkeit und heutige Existenz, 44–62
Gnosis und spätantiker Geist I, Göttingen 1964 (=GSG I)
Typologische und historische Abgrenzung der Gnosis (1966) in: Gnosis und Gnostizismus, hg. von Kurt Rudolph, Darmstadt 1975, 626–645 (=THAG)
Das Prinzip Verantwortung. Versuch einer Ethik für die technologische Zivilisation, Frankfurt 1979 (=PV)
Technik, Medizin und Ethik. Praxis des Prinzips Verantwortung, Frankfurt 1987 (TME)
Dem bösen Ende näher. Gespräche über das Verhältnis des Menschen zur Natur, Frankfurt 1993 (BEN)
Das Prinzip Leben. Ansätze einer philosophischen Biologie, Frankfurt Leipzig 1994 (PL)
Gnosis. Die Botschaft des fremden Gottes, Frankfurt Leipzig 1999 (=G)
Wissenschaft als persönliches Erlebnis, Göttingen 1987 (=WPE)
Philosophische Untersuchungen und metaphysische Vermutungen, Frankfurt 1992 (PU): Der Gottesbegriff nach Auschwitz. Eine jüdische Stimme, 190–208
Philosophische Untersuchungen und metaphysische Vermutungen, Frankfurt 1992 (PU): Materie Geist, Schöpfung, 209–256
Erinnerungen, Frankfurt Leipzig 2003 (=E),

Weiterführende Literatur

Böhler, Dietrich (Hg.): Ethik für die Zukunft. Im Diskurs mit Hans Jonas, München 1994
Böhler, Dietrich/Brune, Jens Peter: Orientierung und Verantwortung. Begegnungen und Auseinandersetzungen mit Hans Jonas, Würzburg 2004
Poliwoda, Sebastian: Versorgung von Sein. Die philosophischen Grundlagen der Bioethik bei Hans Jonas, Hildesheim 2005
Schieder, Thomas: Weltabenteuer Gottes. Die Gottesfrage bei Hans Jonas, Paderborn-München-Wien-Zürich 1998
Wiese Christian/Jacobsen Eric (Hg.): Weiterwohnlichkeit der Welt. Zur Aktualität von Hans Jonas, Wien 2003
Wiese, Christian: Hans Jonas. «Zusammen Philosoph und Jude», Frankfurt 2003

© Springer Fachmedien Wiesbaden GmbH, ein Teil von Springer Nature 2019
R. Theis, *Hans Jonas*, essentials,
https://doi.org/10.1007/978-3-658-22925-2

Printed in the United States
By Bookmasters